信息技术基础实验教程

主　编◎黄玉春
副主编◎王雪峰　邢帮武　苗燕春

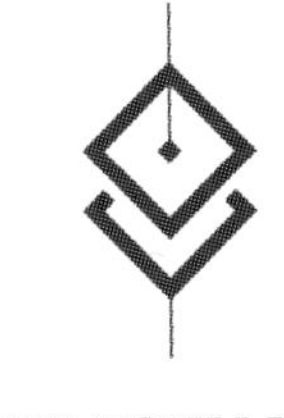

XINXI JISHU JICHU
SHIYAN JIAOCHENG

内容提要

本书以微型计算机为基础，全面系统地介绍计算机基本操作。全书共六个单元十七个实验项目，主要内容包括计算机基本操作，Windows 10 的操作、Word 2016 文字处理、Excel 2016 电子表格处理、PowerPoint 2016 幻灯片制作、Internet 应用等。

本书采用项目驱动的讲解方式，并参考了计算机等级考试一级 MS Office 的考试大纲要求，能训练学生的计算机操作能力，并培养学生的信息素养。书中各个实验项目以“任务要求＋任务实现”的结构进行讲解，操作步骤详细，图文并茂，方便读者学习。本书适合作为高职高专和高职本科信息技术基础课程的实验教材，也可作为计算机等级考试一级 MS Office 的参考书。

图书在版编目(CIP)数据

信息技术基础实验教程/黄玉春主编. —合肥：安徽大学出版社，2024. 7
计算机应用技能培养系列规划教材
ISBN 978-7-5664-2765-6

Ⅰ. ①信… Ⅱ. ①黄… Ⅲ. ①电子计算机－高等学校－教材 Ⅳ. ①TP3

中国国家版本馆 CIP 数据核字(2023)第 247580 号

信息技术基础实验教程 黄玉春 主编

出版发行：北京师范大学出版集团
安 徽 大 学 出 版 社
(安徽省合肥市肥西路 3 号 邮编 230039)
www. bnupg. com
www. ahupress. com. cn
印 刷：安徽省人民印刷有限公司
经 销：全国新华书店
开 本：787 mm×1092 mm 1/16
印 张：10. 75
字 数：222 千字
版 次：2024 年 7 月第 1 版
印 次：2024 年 7 月第 1 次印刷
定 价：32. 00 元
ISBN 978-7-5664-2765-6

策划编辑：刘中飞 宋 夏
责任编辑：宋 夏
责任校对：陈玉婷
装帧设计：李 军
美术编辑：李 军
责任印制：赵明炎

前　言

本书是安徽大学出版社于2024年出版的《信息技术基础》的配套实验教材，紧密结合高等职业教育培养技术技能型人才目标的要求，针对目前我国高职高专教育的特点和高职类"1+X"证书考证的需要编写而成。这是一本能明确针对学生特点，分析工作实际过程，并能为后续课程打下牢固基础的信息技术基础实验教程。它响应《国家职业教育改革实施方案》精神，体现高职高专教育特色，符合高职高专教育水平，达到了技术技能型人才培养目标的要求。

本书基于 Windows 10 操作系统及 MS Office 2016 编写，强调知识性与实用性，共六个单元，主要内容包括：计算机基本操作、Windows 10 的操作、Word 2016 文字处理、Excel 2016 电子表格处理、PowerPoint 2016 幻灯片制作以及 Internet 应用等。

本书的教学目标是使读者掌握一定的计算机操作能力。因此，本书在内容安排上以培养基本应用技能为主线，通过大量的实际案例及丰富的图解说明，介绍信息技术应用的基本操作。每个实验都设计了合理的实验目的、实验任务、实验内容与步骤等，部分实验还安排了进一步提高的内容，以帮助读者掌握更高层次的操作技能。本书内容丰富、语言简练、通俗易懂。

本书可作为高职高专和高职本科《信息技术基础》的配套用书，也可单独作为一般计算机操作人员的培训教材。

本书由安徽工业职业技术学院黄玉春、王雪峰、邢帮武、苗燕春编写。其中，单元一和单元四由苗燕春编写，单元二由黄玉春编写，单元三由邢帮武编写，单元五和单元六由王雪峰编写。全书由黄玉春统稿、定稿。

为了方便教师教学，本书配有电子教学素材。请有此需要的教师与安徽大学出版社联系，也可直接与作者联系（E-mail:51822207@qq.com）。

由于项目式教学法的应用正处于经验积累和改进过程中，加之编者水平有限和时间仓促，书中难免存在疏漏和不足之处，希望同行专家和读者能给予批评和指正。

编　者

2024年1月

目 录

单元一 计算机基本操作

实验一　认识计算机组成部分

一、实验目的

(1)了解计算机的基本知识。

(2)了解计算机的基本构成。

(3)掌握计算机开机和关机的方法。

二、实验任务

(1)了解计算机的构成。

(2)了解主机箱的结构。

(3)掌握计算机开机和关机的方法。

三、实验内容与步骤

1. 熟悉计算机的构成

(1)计算机一般由主机、显示器、键盘、鼠标等组成,如图 1-1 所示。请在教师的指导下,结合实物,认识各部件。

图 1-1 计算机的构成

(2)学习主机面板上各按钮的作用,特别是主机和显示器上的电源开关位置。

(3)了解实验所用计算机的品牌和档次。

说明: 构成计算机的设备还有打印机、扫描仪、音箱等。

2. 了解主机箱的结构

(1)在构成计算机的各部件中,主机箱是最重要的一个部件,显示器、键盘、鼠标等所有设备均要与其连接。查看实验所用的计算机设备的连接情况。

(2)主板、电源、硬盘、光驱以及相关的一些板、卡等,都被安放在主机箱里面,如图 1-2 所示。请根据教师打开的主机箱,学习各构成部件的作用和连接情况。

图 1-2 主机箱内部结构

（3）主机箱后面板的插头和接口用来连接计算机的各个组成部件，如图 1-3 所示。请在教师指导下了解各个插头和接口的作用。

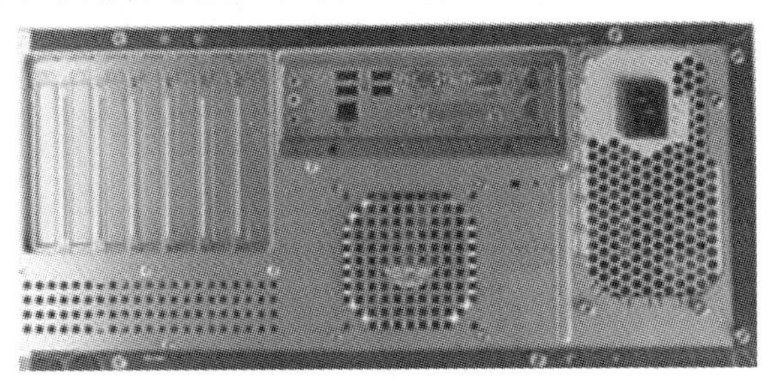

图 1-3　主机箱的后面板

说明：主机箱除了给计算机系统建立一个外观形象之外，还为计算机系统的其他配件提供安装支架。另外，它还可以减轻机箱内向外辐射的电磁污染，保护用户的健康和其他设备的正常使用。机箱按照放置方式可以分为立式机箱和卧式机箱两种。

3. 计算机的开机

操作步骤：

（1）打开电源插座的开关，指示灯指示能够正常供电。

（2）打开其他外部设备电源开关，如音响、打印机、扫描仪等，指示灯指示能够正常供电。

（3）打开显示器的电源开关，一般在显示器面板上，符号为的按钮，显示器电源指示灯变亮，表明显示器已经打开。

说明：如果显示器电源线插在主机的电源上，则要等主机开机后，显示器的电源指示灯才会变亮。

（4）打开计算机电源后，计算机先进行自检，判断是否有故障，并在显示器上显示自检结果。

（5）计算机在没有故障的情况下，启动操作系统，只有装了操作系统的计算机才能正常使用。

4. 计算机的关机

操作步骤：

（1）单击任务栏上的【开始】菜单按钮（或按【Ctrl＋Esc】快捷键），在弹出的开始菜单中单击快捷菜单上的电源按钮，弹出电源选项，如图 1-4 所示。

（2）单击关机命令即可关闭计算机。

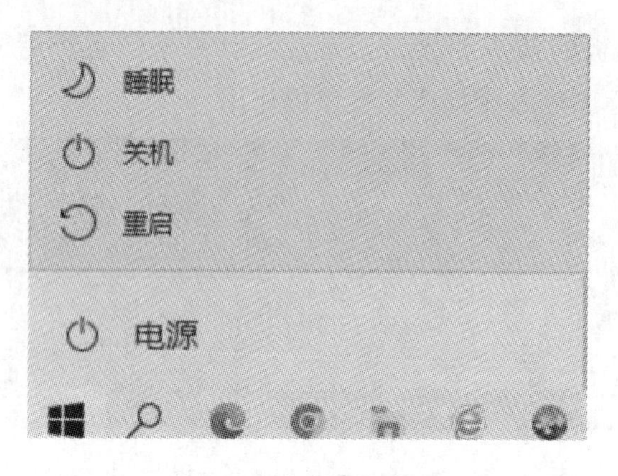

图 1-4 关机选项菜单

(3)在弹出的菜单中,可以选择“睡眠”“重启”等命令,实现相应的操作。

说明:如果计算机死机,不能正常关机,或不能正常关闭打开的程序,则可以采用以下处理方法:1. 按下【Ctrl+Alt+Del】键,结束程序任务;2. 按住计算机开机按钮 5 秒以上,强制关机。但尽量不要强制关机,严重时有可能会损坏硬盘,建议出现不能正常关机需要强制关机后立即对计算机系统进行维护或重装系统。

四、进一步提高

1. 计算机的基本工作原理

(1)在硬件系统实现数学运算和逻辑运算的基础上,通过软件程序的控制实现各种复杂的运算和控制功能。

典型的计算机硬件系统由运算器、存储器、控制器、输入系统、输出系统五大部件组成,称为冯·诺依曼体系结构。这类结构的计算机以存储程序方式工作,即在控制器的控制下,计算机的各个部分根据预先编制的程序自动连续地工作。其结构如图 1-5 所示。

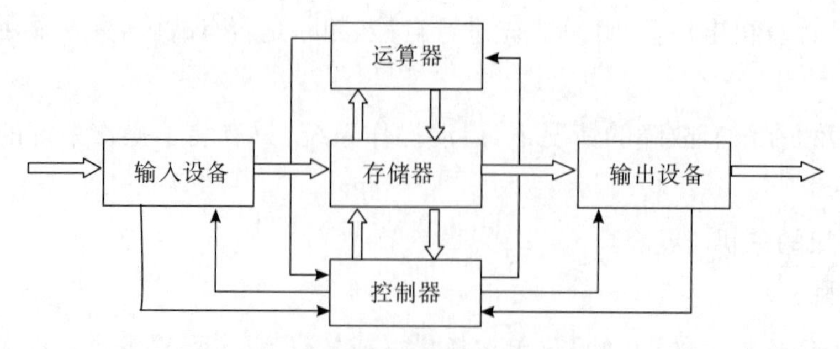

图 1-5 冯·诺依曼体系结构计算机系统示意图

(2)冯·诺依曼体系结构计算机工作过程如下:程序和数据通过输入设备输入后

存放在存储器里；计算机启动后，控制器从存储器中取出程序中的指令对各部件实施控制，取出数据送到运算器或其他部件进行处理；最后运算结果数据存入存储器或通过输出设备输送给用户。

(3)冯·诺依曼体系结构计算机特点如下：计算机由运算器、存储器、控制器、输入系统、输出系统五大部件组成；采用二进制的表示形式表示数据和程序；采用存储程序方式，即在解决问题前先编制好程序，并将需要的数据存放在主存储器中。解决问题时控制器按编制好的、存入存储器的程序自动连续地从存储器取出指令并执行，直到获得所要的结果，这是冯·诺依曼体系结构计算机思想的核心，是计算机高速自动运行的基础。

(4)用算盘、纸和笔计算题目 $y=ax+b-c$。

纸用于记录解题的原始信息，算盘用于对数据进行加、减、乘、除等运算，笔用于把原始数据、解题步骤和运算结果记录到纸上，计算题目的人用于控制解题步骤。在计算机中，运算器相当于算盘功能的部件，存储器相当于纸那样具有“记忆”功能的部件，输入设备和输出设备相当于笔，即把原始解题信息送到计算机并把运算结果显示出来的设备，控制器相当于计算题目的人的大脑，能够自动控制整个计算过程，如表 1-1 所示。

表 1-1　解题步骤和数据记录

行　数	解题步骤和数据	说　明
1	取数(8 行)→算盘	“(8 行)”表示第 8 行的数 a，下同
2	取数(11 行)→算盘	完成 $a*x$，结果在算盘上
3	取数(9 行)→算盘	完成 $a*x+b$，结果在算盘上
4	取数(10 行)→算盘	完成 $a*x+b-c$，结果在算盘上
5	存数 y→(12 行)	算盘上的 y 值记到第 12 行
6	输出	计算题目的人可以看到算盘上的结果
7	停止	运算完毕
8	a	数据
9	b	数据
10	c	数据
11	x	数据
12	y	数据

说明： 表中的“行数”类似于存储器中的存储单元，一些单元用来存放数据，如 8～12行，一些单元用来存放指令，如 1～7 行。

2. 计算机系统的多级层次结构

(1)按照不同计算机用户所看到的机器之间的有机关系，可以将计算机系统分为多级结构，如图 1-6 所示。

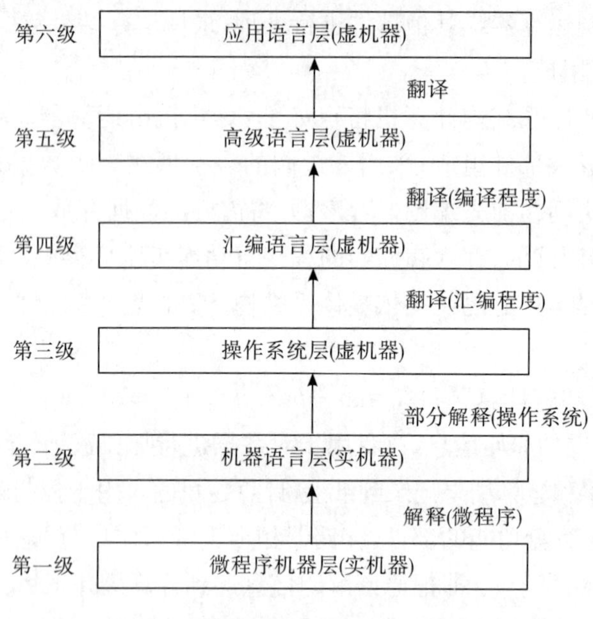

图 1-6　计算机系统的多级层次结构

(2)第一级是微程序机器层，是实际的硬件机器层，由机器硬件直接执行微指令；第二级是机器语言层，是实际的硬件机器层，由微程序解释机器指令系统；第三级是操作系统层，由操作系统程序实现；第四级是汇编语言层，由汇编程序支持和执行；第五级是高级语言层，高级语言面向用户，该层由各种高级语言编译程序支持和执行；第六级是应用语言层，直接面向某个应用领域。

从层次结构中可以看出，第五、六层面向用户，是用户为解决某个应用领域问题而看到的计算机系统界面；第三、四层面向机器，其中操作系统层是系统软件，它提供基本的计算机操作界面，给应用软件以支持；第一、二层是硬件机器，是计算机系统的基础和核心，所有功能最终由硬件完成。

硬件机器层之上的各层，是由各类软件构成的虚拟机。应用程序在虚拟机上运行，通过系统软件对硬件进行控制，有了多层次结构的概念，用户使用的便是虚拟机。用户可以不必了解计算机本身是如何工作的，只要关心如何利用计算机完成所需的工作即可。计算机的硬件功能设计只是计算机硬件设计人员的任务。

实验二　熟悉键盘及指法练习

一、实验目的

(1)熟悉键盘的布局和位置。

(2)掌握键盘的使用及正确的击键方法。

(3)掌握标准指法,提高键盘录入速度。

(4)掌握一种录入方法,并能熟练使用。

二、实验任务

(1)熟悉键盘操作的正确姿势。

(2)了解键盘的分布和常用按键的功能。

(3)学习键盘的指法,注意击键要领。

(4)掌握中英文输入法以及不同中文输入法之间的切换方法。

(5)学习并掌握一种录入技巧。

三、实验内容与步骤

1. 打字姿势

打字时应养成正确的姿势。正确的打字姿势不仅能提高输入速度,减缓操作者长时间工作带来的疲劳,而且能够提高工作效率。

(1)身体保持端正,两脚平放。

(2)两臂自然下垂,两肘贴于腋边。肘关节呈垂直弯曲,手腕平直,身体与打字桌的距离为20～30厘米。击键的速度主要取决于手腕,所以手腕要下垂不可弓起。

(3)将纸质文稿放在键盘的左边,或用专用夹将其夹在显示器旁边。打字时眼观纸质文稿,身体不要跟着倾斜,开始时一定不要养成边看键盘边输入的习惯,视线应专注于纸质文稿和屏幕。

(4)在弹击键时点到为止,不要用力太大,弹击键码后手指迅速退回原位。击键要均匀有节奏。

2. 键盘指法

打字时,主键盘区的每一个键位都有一个手指负责击键,十指分工明确,如图1-7所示。

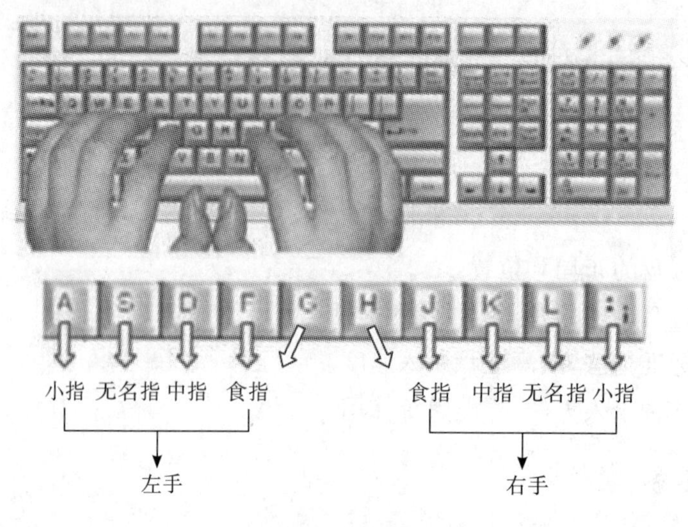

图 1-7　指法

(1)将左右手的食指分别置于 F、J 键上,大拇指自然落在空格键上,其余手指依次摆放。

(2)熟记每个手指的击键范围。每个手指除了自己的基本键外,还分工有其他的键,称为范围键,如图 1-8 所示。

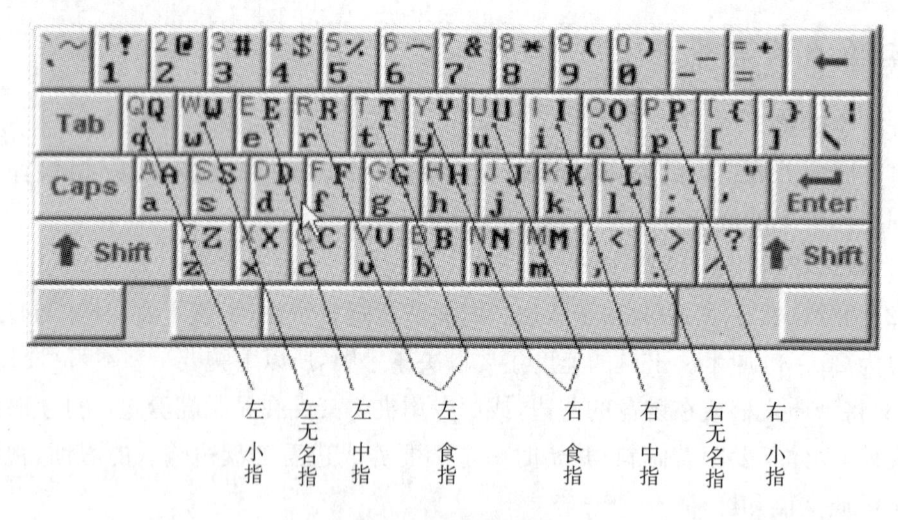

图 1-8　键盘指法图

击键时要注意以下几点。

(1)击键时用各手指的第一指腹击键。

(2)击键时应由手指发力击下,击键力量应保持均匀。

(3)左右手放在基本键上,击键后应立即归位到基本键位上。

(4)不需要同时击两个键时,若两个键分别位于左右手区,则由左右手各击相对应的键。

3. 输入法切换

单击任务栏右下角的输入法图标，会弹出输入法列表，如图 1-9 所示。单击所需要的输入法，屏幕下方会出现所选输入法的工具栏，如图 1-10 所示。可以单击输入法工具栏上的按钮进行相应的切换，也可以通过键盘快捷键实现各按钮的快速切换。

(1)【Ctrl+Space】组合键：中英文输入法之间的切换。

(2)【Ctrl+.】组合键：中文标点和英文标点的切换。

(3)【Shift+Space】组合键：全角和半角的切换。

(4)【Ctrl+Shift】组合键：在已安装的输入法之间进行循环切换。

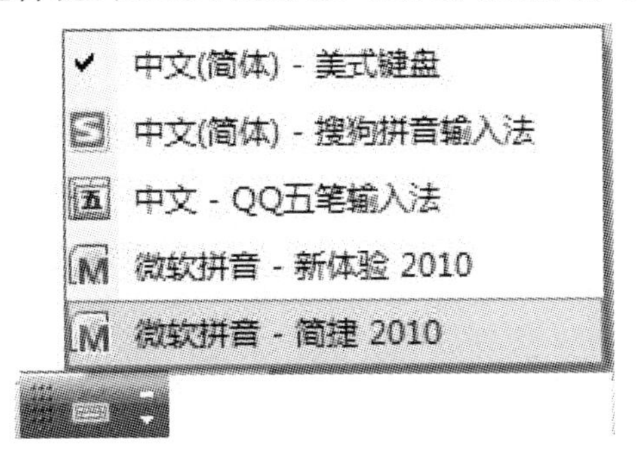

图 1-9 输入法列表

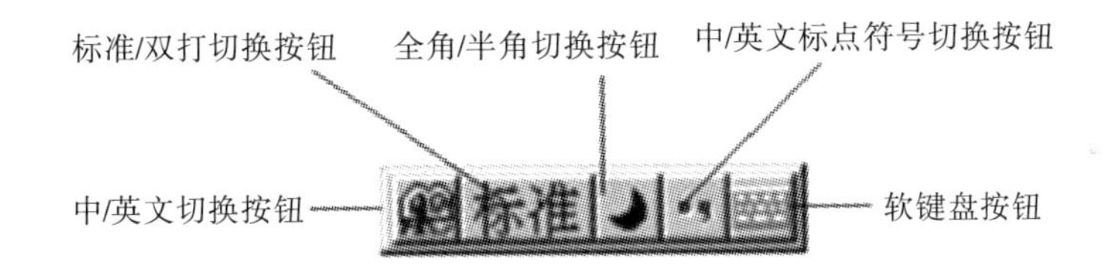

图 1-10 输入法工具栏

4. 英文输入练习

金山打字通 2016 是金山公司推出的一款功能齐全、数据丰富、界面友好、集打字练习和测试于一体的打字软件。

金山打字通主界面分为“新手入门”“英文打字”“拼音打字”“五笔打字”四个功能入口。对于新手系统会主动提示从“新手入门”开始练习，很好地引导新手按从易到难的顺序进行练习。

运行金山打字通 2016 软件，如图 1-11 所示。如果是第一次登录，则会弹出一个窗口，提示创建昵称并与 QQ 绑定。关掉绑定可直接单击右上角的 ☒ 。若一直不绑定，则选定左下角的“不再显示”即可，如图 1-12 所示。

选择“拼音打字”或“五笔打字”，软件都会弹出一个窗口提示你要先去新手入门。如果你已经有一定的基础并且想快点进入下一阶段练习，就可以直接选择“跳过”。这时软件会要求你先做一些过关测试题，若通过测试，则可以进入更高级别的练习。

图 1-11 金山打字通 2016 启动界面

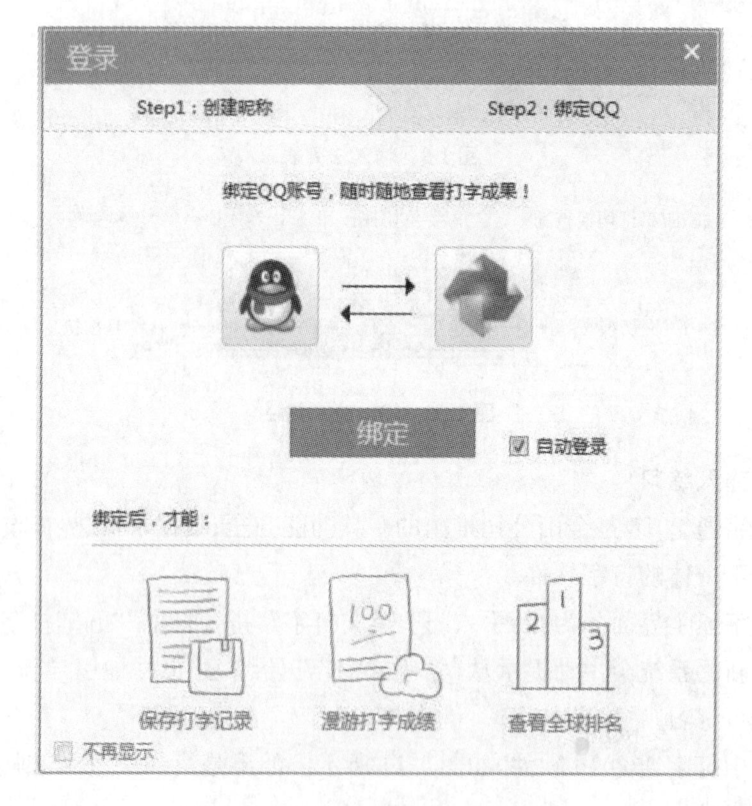

图 1-12 金山打字通 2016 登录界面

单击进入“新手入门”区域就可以开始练习打字，2016 版特别设置了关卡模式，只有逐个完成任务才能进入下一关。新手练习任务是从打字常识、字母、词语到整篇文章，难度逐步增加。用户在完成任务的同时也提升了自己的打字水平，不会因急于求成而失去学习打字的兴趣，如图 1-13 所示。“打字常识”由“认识键盘”“打字姿势”

“基准键位”“打字常识”和“打字常识过关测试”组成，如图 1-14 所示。

图 1-13　金山打字通 2016 新手入门界面

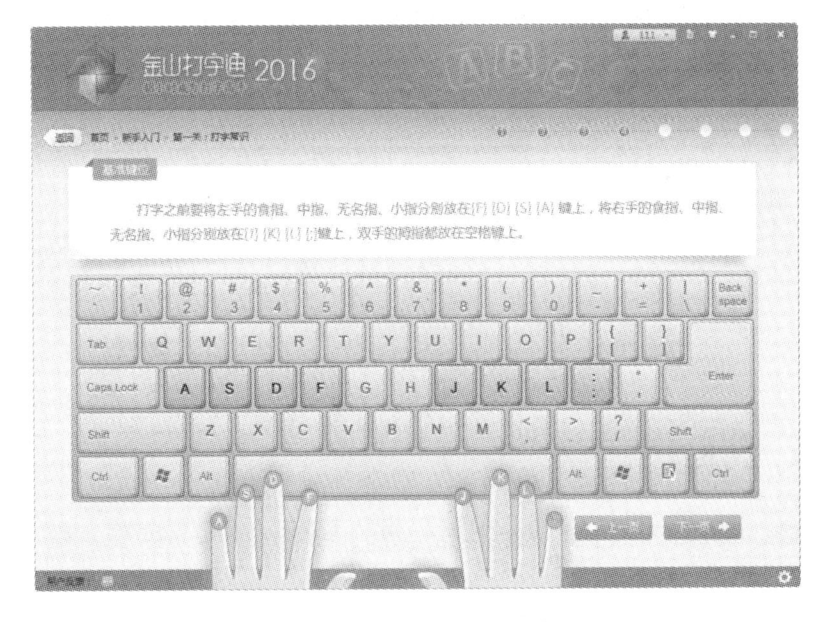

图 1-14　金山打字通 2016 打字常识界面

初学者可以从字母键位进行练习，如图 1-15 所示。

在熟悉键位后，可以进入“英文打字”区域，在“自由模式”“关卡模式”选择界面选择适合自己的练习模式。在右下角的设置 中可以进行练习模式的切换，如图1-16 所示。

图 1-15　字母键位练习

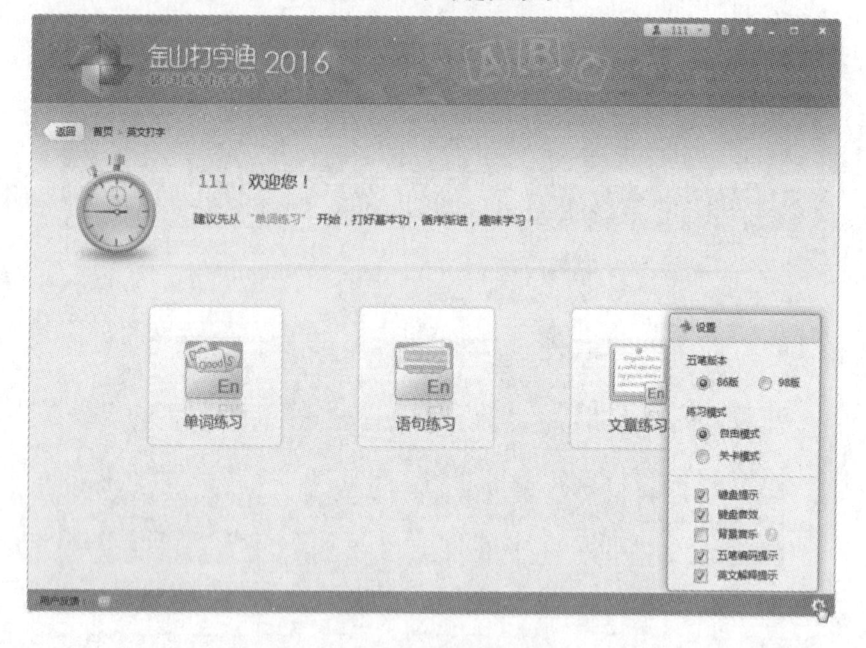

图 1-16　练习模式切换

选择好模式后，可以进行“单词练习”“语句练习”或“文章练习”，如图 1-17 所示为文章练习。用户可以在“课程选择”里对练习文章进行选择。

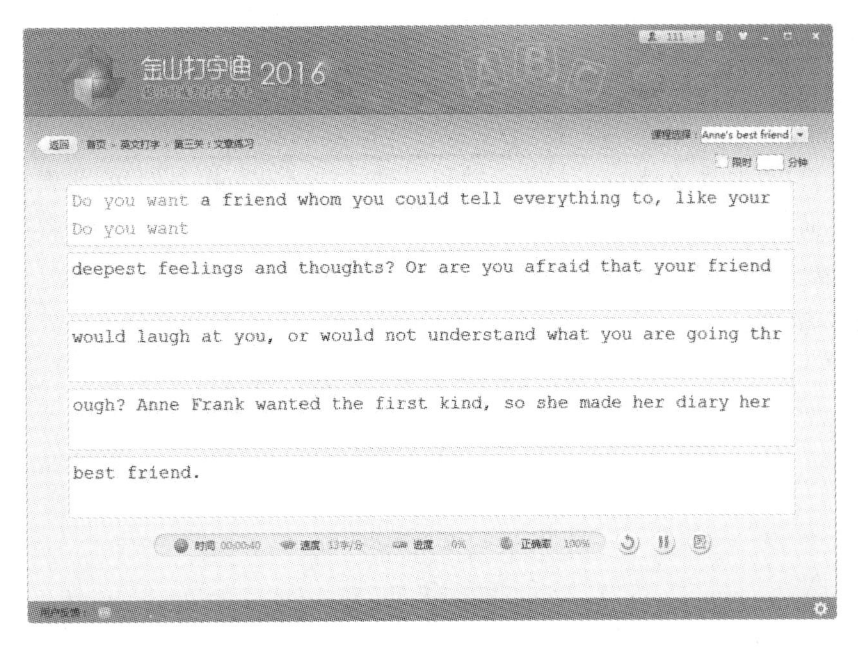

图 1-17　文章练习

在首页可以点击右下角的“打字测试”按钮，进入测试页面即可针对英文、拼音、五笔分别测试，如图 1-18 所示。系统会根据用户打字速度与正确率进行打分，得分越高，阶段学习效果越好，打字水平一目了然。每次检测得分均会被记录下来，生成进步曲线，帮助初学者检验学习成果。

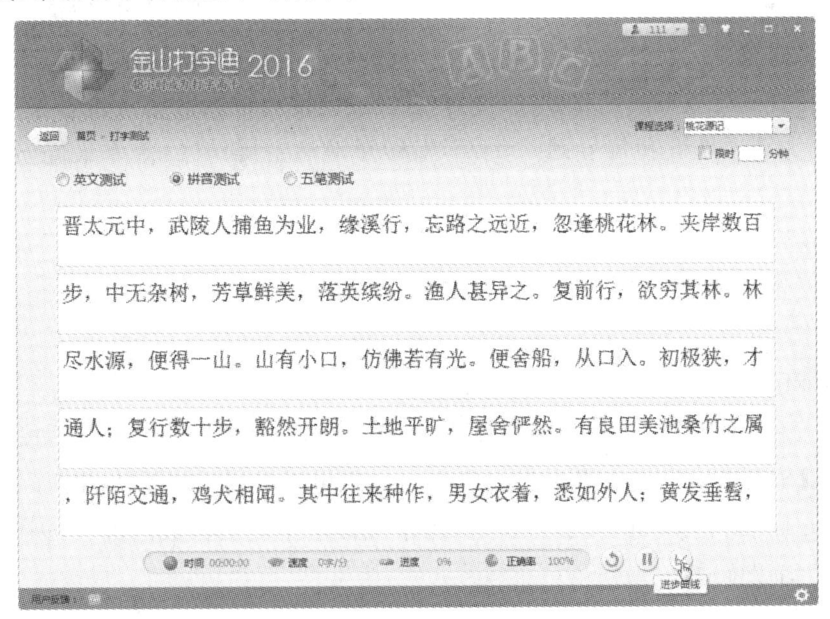

图 1-18　打字测试

5. 中文输入练习

(1)“搜狗拼音”输入法的使用。

①简拼。

搜狗输入法现在支持的是声母简拼和声母的首字母简拼。例如:如果你想输入“计算机”,你只要输入“jisj”或者“jsj”,就可以输入“计算机”,如图 1-19 所示。同时,搜狗输入法支持简拼和全拼的混合输入,例如:输入“srf”“sruf”“shrfa”都是可以得到“输入法”一词的。

图 1-19 简拼输入界面

说明:有效地用声母的首字母简拼可以提高输入效率,减少误打,例如:你输入“社会主义”这几个字,如果你输入传统的声母简拼,只能输入“shhzhy”,需要输入的字母多且容易误打,而输入声母首字母简拼“shzy”能很快得到“社会主义”一词。

搜狗拼音输入法默认的翻页键是逗号键和句号键,即输入拼音后,如果首页未出现想要输入的汉字,就可以按句号键向右翻页选字;在错过拟输入汉字时,可以按逗号键向左翻页选字。此处句号键相当于 PageDown 键,而逗号键则相当于 PageUp 键。用户在找到想要输入的字后,按对应的数字键即可输入。笔者推荐使用这两个键翻页,因为用逗号键和句号键时,手不用移开键盘主操作区,效率最高,也不容易出错。

输入法默认的翻页键还有“减号(—)和等号(=)键”“左右方括号([])键”,用户可以通过设置“属性”→“按键”→“翻页键”进行设定。

②拆字辅助码。

拆字辅助码可以帮助用户快速地定位到一个单字,使用方法如下。

想输入一个汉字【输】,但是非常靠后,需要翻页,那么输入【shu】,然后按下【Tab】键,再输入【输】的两部分【车】【俞】的首字母 cy,就可以看到只剩下【输】字了。输入的顺序为 shu+Tab+cy,如图 1-20 所示。由于独体字不能被拆成两部分,因此独体字是没有拆字辅助码的。

图 1-20　拆字辅助输入界面

③笔画筛选。

笔画筛选用于输入单字时，用笔顺来快速定位该字。使用方法是输入一个字或多个字后，按下 Tab 键(如果翻页也不影响)，然后用 h 横、s 竖、p 撇、n 捺、z 折依次输入第一个字的笔顺，一直找到该字为止。例如，快速定位【机】字，输入了 ji 后，按下【tab】，然后输入“机”的前两笔【hs】，就可定位该字。又例如“喻”字通常输入拼音后至少要翻 3 页才能找到该字，但输完 yu 的拼音后，先按一下 Tab，再输入该字的笔画辅助码 sz，这个字立刻就跳到了第一页。要退出笔画筛选模式，只需删掉已经输入的笔画辅助码即可，如图 1-21 所示。

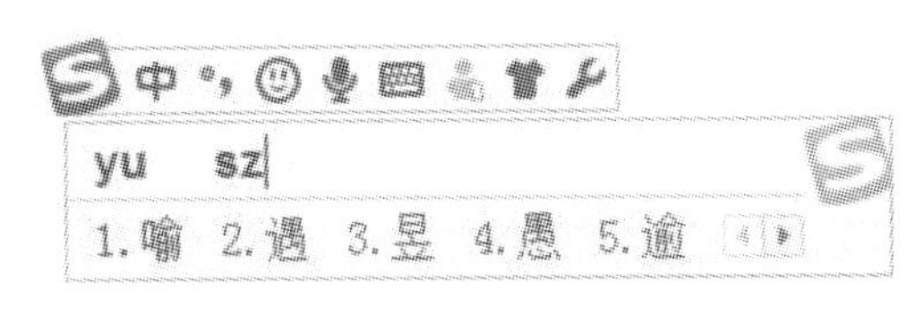

图 1-21　笔画筛选输入界面

④U 模式笔画输入。

U 模式是专门为输入不会读的字所设计的。在输入 u 键后，依次输入一个字的笔顺(h 横、s 竖、p 撇、n 捺、z 折)就可以得到该字(小键盘上的 1、2、3、4、5 也代表 h、s、p、n、z)。这里的笔顺规则与普通手机上的五笔画输入是完全一样的。其中点也可以用 d 来输入。例如：输入【汉】字可以输入【unnhzn】，如图 1-22 所示。

值得一提的是，竖心旁“忄”的笔顺是点点竖(nns)，而不是竖点点。

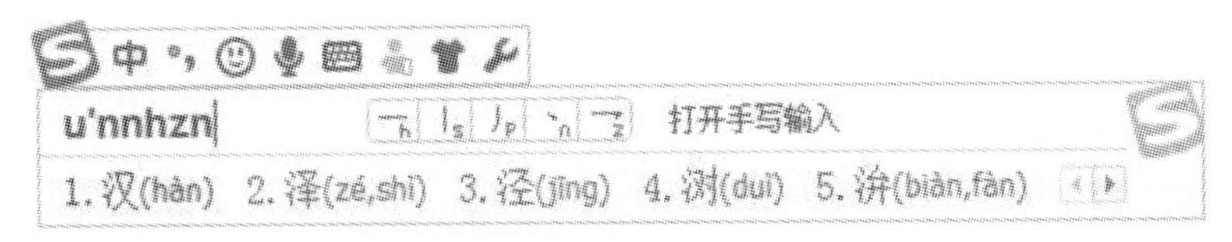

图 1-22　U 模式笔画输入界面

⑤U 模式拆字输入。

U 模式是专门为输入不会读的字所设计的。对于含有偏旁部首和由单体字组成的汉字，在输入 u 键后，依次输入一个字的组字部分的声母或全拼即可，如对于“晶”，可输入“uttt”；对于“助”，可输入“uql”；对于“照”，可输入“urdkd”，也可输入“uridaokoud”。

值得一提的是，竖心旁“忄”可用 x 代替，如“情”，可输入“uxqing”；

单人旁“亻”可用 r 代替，如“但”，可输入“urdan”。

草字头“艹”可用 c 代替，如“苗”，可输入“uctian”。

类似的提手旁“扌”、提土旁“土”可用 t 代替；宝盖头“宀”、秃宝盖“冖”可用 b 代替，如图 1-23 所示。

图 1-23 U 模式拆字输入界面

⑥模糊音。

模糊音是专为对某些音节容易混淆的人所设计的。当启用了模糊音后，例如 sh=s，输入“si”也可以出来“十”，输入“shi”也可以出来“四”。

搜狗支持的模糊音有：

声母模糊音：s=sh，c=ch，z=zh，l=n，f=h，r=l；

韵母模糊音：an=ang，en=eng，in=ing，ian=iang，uan=uang。

(2)使用金山打字通 2016 练习汉字输入。

操作步骤：

①在金山打字通 2016 的首页单击“拼音打字”按钮，如图 1-24 所示。

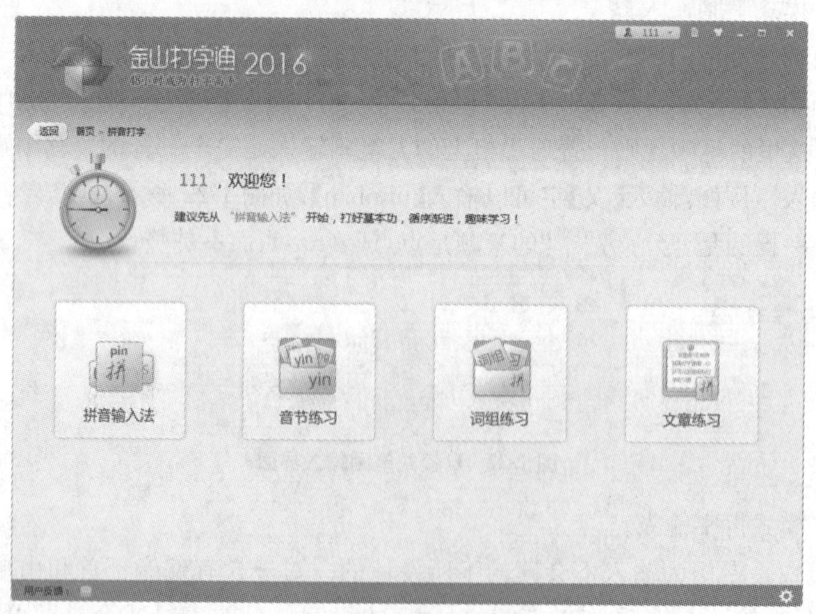

图 1-24 拼音打字界面

开始进行音节练习，按照词语下面的提示，输入相应的拼音，如图 1-25 所示。

图 1-25 音节练习

②在熟练后可以选择“词汇练习”或“文章练习”进行中文练习，如图 1-26 所示。

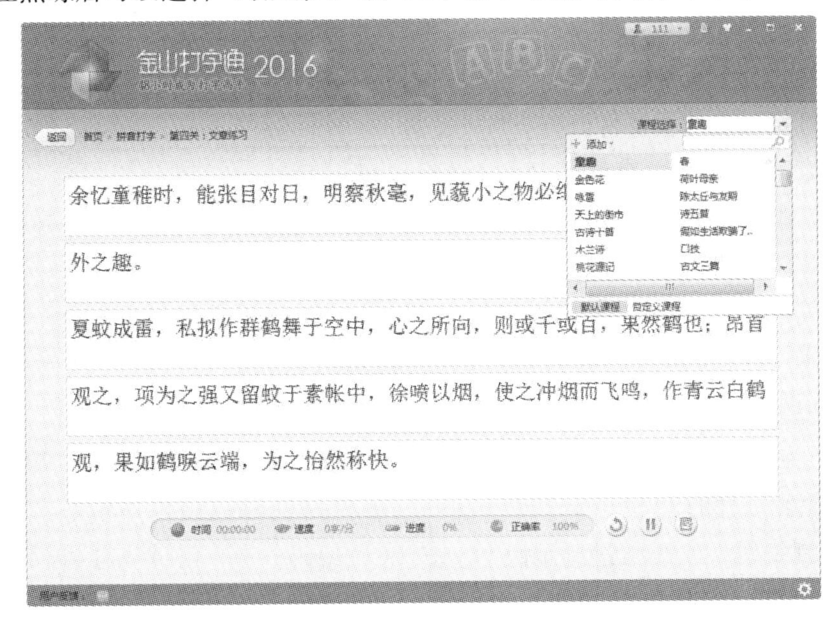

图 1-26 文章练习

说明：也可以通过“课程选择”下拉菜单选择打字练习的范文。

习题一

一、单项选择题

1. 计算机的发展阶段通常是按计算机所采用的______来划分的。

   A. 内存容量　　B. 操作系统　　C. 程序设计语言　　D. 电子器件

2. 以微处理器为核心组成的微型计算机属于______计算机。

   A. 第一代　　B. 第二代　　C. 第三代　　D. 第四代

3. 下列有关信息的描述正确的是______。

   A. 只有以书本的形式才能长期保存信息

   B. 数字信号比模拟信号更易受干扰而导致失真

   C. 计算机以数字化的方式对各种信息进行处理

   D. 信息的数字化技术已初步被模拟化技术所取代

4. 计算机中采用二进制，是因为______。

   A. 硬件易于实现　　B. 两个状态的系统具有稳定性

   C. 二进制的运算法则简单　　D. 上述三个原因

5. 现代计算机具有的主要特征有______。

   A. 计算精度高　　B. 存储容量大　　C. 处理速度快　　D. 以上三种说法都对

6. 现代数字电子计算机运行时遵循的存储程序工作原理最初是由______提出的。

   A. 图灵　　B. 冯·诺依曼　　C. 乔布斯　　D. 布尔

7. 苹果手机中使用的 A7 处理器主要应用______技术制造。

   A. 电子管　　B. 晶体管

   C. 集成电路　　D. 超大规模集成电路(VLSI)

8. 我们在电脑上看到的文字、图像和视频等信息在计算机内部都是以______的形式进行存储和处理的。

   A. 十进制编码　　B. 二进制编码　　C. BCD 编码　　D. ASCII 码

9. “神舟八号”飞船利用计算机进行飞行状态调整属于______。

   A. 科学计算　　B. 数据处理　　C. 实时控制　　D. 计算机辅助设计

10. CAM 是计算机主要应用领域之一，其含义是______。

    A. 计算机辅助制造　　B. 计算机辅助设计

    C. 计算机辅助测试　　D. 计算机辅助教学

11. 门禁系统的指纹识别功能所运用的计算机技术是______。

    A. 机器翻译　　B. 自然语言理解　　C. 过程控制　　D. 模式识别

12. 网上购物属于计算机现代应用领域中的______。

A. 计算机辅助系统　　B. 电子政务

C. 电子商务　　D. 办公自动化

13. 微型计算机的发展以______技术为特征标志。

A. 操作系统　　B. 微处理器　　C. 磁盘　　D. 软件

14. 按照计算机应用分类，12306 火车票网络购票系统应属于______。

A. 数据处理　　B. 动画设计　　C. 科学计算　　D. 实时控制

15. 第一代计算机的主要应用领域是______。

A. 数据处理　　B. 科学计算　　C. 实时控制　　D. 计算机辅助设计

16. 人工智能是让计算机能模仿人的一部分智能。下列______不属于人工智能领域应用。

A. 机器人　　B. 银行信用卡　　C. 人机对弈　　D. 机械手

17. 按计算机应用的类型分类，余额宝属于______。

A. 过程控制　　B. 办公自动化　　C. 数据处理　　D. 计算机辅助设计

18. 使用计算机解决科学研究与工程计算中的数学问题属于______。

A. 科学计算　　B. 计算机辅助制造

C. 过程控制　　D. 娱乐休闲

19. 使用百度在网络上搜索资料，在计算机应用领域中属于______。

A. 数据处理　　B. 科学计算　　C. 过程控制　　D. 计算机辅助测试

20. 微型机的中央处理器主要集成了______。

A. 控制器和 CPU　　B. 控制器和存储器

C. 运算器和 CPU　　D. 运算器和控制器

21. 计算机系统由______组成。

A. 主机和系统软件　　B. 硬件系统和软件系统

C. CPU、存储器和 I/O 设备　　D. 微处理器和软件系统

22. 计算机中主板上所采用的电源为______。

A. 交流电　　B. 直流电

C. 可以是交流电，也可以是直流电　　D. UPS

23. 计算机中使用的双核处理器，其主要作用是______。

A. 加快了处理多媒体数据的速度

B. 处理信息的能力和单核相比，加快了一倍

C. 加快了处理多任务的速度

D. 加快了从硬盘读取数据的速度

24. 在微型计算机性能的衡量指标中，______用以衡量计算机的稳定性和质量。

A. 可用性　　B. 兼容性
C. 平均无障碍工作时间　　D. 性能价格比

25. 在计算机系统中，指挥、协调计算机工作的是______。
A. 显示器　B. CPU　C. 内存　D. 打印机

26. 电子计算机的性能可以用很多指标来衡量，主要指标有运算速度、字长和______。
A. 主存储器容量的大小　　B. 硬盘容量的大小
C. 显示器的尺寸　　D. 计算机的制造成本

27. 将计算机硬盘上的数据传送到内存中的操作称为______。
A. 读盘　B. 写盘　C. 输入　D. 显示

28. 微型计算机中，外存储器比内存储器______。
A. 读写速度快　B. 存储容量大　C. 单位价格贵　D. 以上三种说法都对

29. 下列选项中，属于输入设备的是______。
A. 触摸屏　B. LED 显示器　C. 打印机　D. 绘图仪

30. 下列选项中，属于输出设备的是______。
A. 键盘　B. 扫描仪　C. 数码相机　D. 打印机

31. 如果想在网上观赏. rm 格式的电影，可使用______播放。
A. WinRAR　B. CD 唱机　C. 录音机　D. RealPlayer

32. 下列选项中，属于音频文件格式的是______。
A. MP3　B. DOC　C. BMP　D. JPEG

33. 目前多媒体技术应用广泛，卡拉 OK 厅普遍采用 VOD 系统，VOD 指的是______。
A. 图像格式　B. 语音格式　C. 总线标准　D. 视频点播

34. ______不是多媒体技术的特征。
A. 集成性　B. 交互性　C. 艺术性　D. 实时性

35. 为减少多媒体数据所占的存储空间，一般采用______。
A. 存储缓冲技术　B. 数据压缩技术　C. 多通道技术　D. 流水线技术

36. 下列选项中，属于视频文件格式的是______。
A. MP4　B. JPEG　C. MP3　D. BMP

37. 下述有关多媒体计算机的有关叙述正确的是______。
A. 多媒体计算机可以处理声音和文字，但不能处理动画和图像
B. 多媒体计算机系统包括硬件系统、网络操作系统和多媒体应用工具软件
C. 传输媒体主要包括键盘、显示器、鼠标、声卡和视频卡等
D. 多媒体技术具有数字化、集成性、交互性和实时性的特征

38. 目前为宽带用户提供稳定和流畅的视频播放效果所采用的主要技术是______。
A. 操作系统　B. 闪存技术　C. 流媒体技术　D. 光存储技术

39. 通常所说的 RGB 颜色模型是______三色模型。

A. 绿、青、蓝　B. 红、黄、蓝　C. 红、绿、蓝　D. 以上都不是

40. 下列各项中，不属于多媒体硬件的是______。

A. 视频采集卡　B. 声卡　C. 网银 U 盾　D. 光盘驱动器

41. 将二进制数 10000001B 转换为十进制数应该是______。

A. 126　B. 127　C. 128　D. 129

42. 二进制数 10000111 转化成的十六进制数为______。

A. 87H　B. 88H　C. 111H　D. 121H

43. 下列二进制数中，______与十进制数 510 等值。

A. 111111111B　B. 100000000B　C. 111111110B　D. 110011001B

44. 下列各种进制的数中最小的数是______。

A. 42D　B. 2BH　C. 44D　D. 101001B

45. 与十六进制数(8FH)等值的二进制数是______。

A. 10001111　B. 10000010　C. 10011110　D. 10011111

46. 在计算机内部，机器码的形式是______。

A. ASCII 码　B. BCD 码　C. 二进制　D. 十六进制

47. 一个汉字的国标码和它的机内码之间的差是______。

A. 1010H　B. 2020H　C. 4040H　D. 8080H

48. 通常在微型计算机内部，汉字“安徽”一词占______字节。

A. 2　B. 4　C. 3　D. 1

49. 以下对微机汉字系统的描述中正确的是______。

A. 汉字内码与所用的输入法有关

B. 汉字的内码与字形有关

C. 在同一操作系统中，采用的汉字内码是统一的

D. 汉字的内码与汉字字号大小有关

50. 在 16×16 点阵字库中，存储一个汉字的字模信息需用的字节数是______。

A. 8　B. 24　C. 32　D. 48

51. 全角状态下，一个英文字符在屏幕上的宽度是______。

A. 1 个 ASCII 字符　B. 2 个 ASCII 字符

C. 3 个 ASCII 字符　D. 4 个 ASCII 字符

52. 标准 ASCII 编码在机器中的表示方法准确的描述应是______。

A. 使用 8 位二进制代码，最右边一位为 1

B. 使用 8 位二进制代码，最左边一位为 0

C. 使用 8 位二进制代码，最右边一位为 0

D. 使用8位二进制代码，最右边一位为1

53. 下列字符中，______的ASCII码值最大。

A. a　B. d　C. A　D. E

54. 使用搜狗输入法进行汉字“安徽”的录入时，我们在键盘上按下的按键“anhui”属于汉字的______。

A. 输入码　B. 机内码　C. 国标码　D. ASCII码

55. 计算机中存储数据的最小单位是______。

A. 位　B. 字节　C. 字　D. 字长

56. 在计算机中，高速缓存(Cache)的作用是______。

A. 提高CPU访问内存的速度　B. 提高外存与内存的读写速度

C. 提高CPU内部的读写速度　D. 提高计算机对外设的读写速度

57. 微型计算机中的外存储器，可以与______直接进行数据传送。

A. 运算器　B. 控制器　C. 内存储器　D. 微处理器

58. 微型计算机中，存储器的主要功能是______。

A. 程序执行　B. 算术和逻辑运算

C. 信息存储　D. 人机交互

59. 一台计算机中可以安装的内存容量大小，其主要由______决定。

A. 地址总线　B. 控制总线　C. 串行总线　D. 数据总线

60. 计算机是通过______来访问存储单元的。

A. 文件　B. 操作系统　C. 硬盘　D. 地址

61. 字长是CPU技术性能的主要指标之一，它表示______。

A. CPU一次能处理的二进制数据的位数

B. 计算结果的有效数字长度

C. 最大有效数字位数

D. 最长的十进制整数的位数

62. 衡量内存的性能有多个技术指标，但不包括______。

A. 容量的大小　B. 存取时间的长短

C. 存储接口类型　D. 运算速度

63. 下列四条叙述中，正确的一条是______。

A. 为协调CPU与RAM间的速度差，在CPU芯片中集成了高速缓存

B. PC机在使用过程中突然断电，SRAM中存储的信息不会丢失

C. PC机在使用过程中突然断电，DRAM中存储的信息不会丢失

D. CPU可以直接处理外存储器中的信息

64. 在目前的微机操作系统中运行某一程序时，若主存容量不够，则可采用下列

______技术解决。

A. 虚拟内存　　B. 更新 CPU　　C. 采用光盘　　D. 采用优盘

65. 在计算机术语中，ROM 是指______。

A. 读写存储器　　B. 高速缓存　　C. 只读存储器　　D. 硬盘

66. 现在一般的微机内部有二级缓存(Cache)，其中一级缓存位于______内。

A. CPU　　B. 内存　　C. 主板　　D. 硬盘

67. 在微型计算机中，我们说的内存是指______。

A. RAM　　B. CMOS　　C. ROM　　D. CPU

68. 内存中的每个基本单元都有一个唯一的序号，我们称此序号为这个内存单元的______。

A. 字节　　B. 号码　　C. 地址　　D. 容量

69. 在计算机中，采用虚拟存储器的目的是______。

A. 提高主存储器的速度　　B. 扩大外存储器的容量

C. 扩大内存储器的寻址空间　　D. 提高外存储器的速度

70. 下列说法中错误的是______。

A. CD-ROM 是一种只读存储器，但不是内存储器

B. CD-ROM 驱动器是多媒体计算机的基本部分

C. 只有存放在 CD-ROM 盘上的数据才称为多媒体信息

D. CD-ROM 盘上能够存储大约 650 兆字节的信息

71. U 盘“写保护”的含义是：对 U 盘进行写保护后，该 U 盘______。

A. 确保写入数据时不出错　　B. 只能进行读操作，不能进行写操作

C. 写操作时保证不被损坏　　D. 只能进行写操作，不能进行读操作

72. 新硬盘在使用前，首先应经过以下几步处理：低级格式化、______。

A. 磁盘拷贝、硬盘分区　　B. 硬盘分区、磁盘拷贝

C. 硬盘分区、高级格式化　　D. 磁盘清理

73. 可以多次写入信息的光盘是______。

A. CD-ROM　　B. CD-R　　C. CD-RW　　D. DVD-ROM

74. 当硬盘中的某些磁道损坏后，该硬盘______。

A. 不能再使用　　B. 必须送原生产厂维修

C. 只能作为另一块硬盘的备份盘　　D. 通过工具软件处理后，能继续使用

75. CD-ROM 是一种光盘存储器，其特点是______。

A. 可以读出，也可以写入　　B. 只能写入

C. 易失性　　D. 只能读出，不能写入

76. 一般情况下，外存储器中存储的信息在断电后______。

A. 局部丢失　　B. 大部分丢失　　C. 全部丢失　　D. 不会丢失

77. 下列有关存储器读写速度排列正确的是______。

A. RAM>Cache>硬盘　　B. Cache>RAM>硬盘

C. Cache>硬盘>RAM　　D. RAM>硬盘>Cache

78. 下述有关硬盘的叙述中，正确的是______。

A. 硬盘的读写速度比光盘慢

B. 硬盘存储容量大

C. 微机中使用的硬盘使用 PCI 接口和主板连接

D. 硬盘和 U 盘使用相同的存储介质

79. 在计算机上通过键盘输入一段文章时，该段文章首先存放在主机的______中。如果希望将这段文章长期保存，应以______形式存储于______中。

A. 内存、文件、外存　　B. 外存、数据、内存

C. 内存、字符、外存　　D. 键盘、文字、打印机

80. 在关于微机系统的下列术语中，属于显示器主要性能指标的是______。

A. 容量　　B. 品牌　　C. 分辨率　　D. 采样率

81. 微机显示器一般有两组引线，分别是______。

A. 电源线与信号线　　B. 电源线与控制线

C. 地址线与信号线　　D. 控制线与地址线

82. 假设显示器目前的分辨率为 1024×768 像素，每个像素点用 24 位真彩色显示，则显示一幅图像所需的容量是______个字节。

A. 1024×768×24　　B. 1024×768×3

C. 1024×768×2　　D. 1024×768

83. 通常 U 盘通过______接口与计算机相连。

A. PCIE　　B. IDE　　C. USB　　D. COM

84. 假如安装的是第一台打印机，那么它被指定为______打印机。

A. 普通　　B. 默认　　C. 网络　　D. 本地

85. 下述有关液晶显示器的叙述中，正确的是______。

A. 功耗高　　B. 辐射大　　C. 厚度薄　　D. 画面抖动厉害

86. 相较于激光打印机，针式打印机的优点是______。

A. 耗材便宜　　B. 噪声小　　C. 打印速度快　　D. 使用方便

87. 在微型机中，一般有 IDE、SCSI、并口和 USB 等 I/O 接口，I/O 接口位于______。

A. CPU 和 I/O 设备之间　　B. 内存和 I/O 设备之间

C. 主机和总线之间　　D. CPU 和主存储器之间

88. 下列叙述正确的是______。

A. 没有外部设备的计算机称为裸机

B. 磁盘信息是以顺序方式读出的

C. ASCII码不是计算机唯一使用的信息编码

D. 长程序一定比短程序执行时间长

89. 计算机主板上的组成部件一般通过______进行连接。

A. 适配器　B. 电缆　C. 中继器　D. 总线

90. USB接口指的是______。

A. IEEE1394接口　B. 并行接口

C. 内存接口　D. 通用串行接口

91. 在计算机中，设置CMOS的目的是______。

A. 改变操作系统　B. 清除病毒

C. 更改和保存机器参数　D. 安装硬件设备

92. 总线是硬件各部分实现相互连接、传递信息的连接线路，下列______不是计算机的总线标准。

A. USB　B. PCI　C. ISA　D. ISO9002

93. 在计算机中，外设与CPU ______。

A. 直接相连　B. 经过接口相连

C. 无连接标准　D. 在生产时集成在一起

94. 微型计算机中使用的三类总线，不包括______。

A. 数据总线　B. 控制总线　C. 地址总线　D. 传输总线

95. 下述有关计算机总线的描述，错误的是______。

A. CPU和内存通过总线通信

B. 根据总线中流动的数据不同，计算机总线可分为数据总线、地址总线和控制总线

C. 总线只能进行信息单向传递

D. 总线是计算机五大部件通信的公共通道

96. 键盘上的数字、英文字母、标点符号、空格等键统称为______。

A. 控制键　B. 功能键　C. 运算键　D. 字符键

97. 通常一条计算机指令用来______。

A. 规定计算机完成一系列既定任务　B. 规定计算机执行一个基本操作

C. 执行一个系统工程　D. 执行一个软件

98. 计算机可直接执行的指令一般由______组成。

A. 内容和地址　B. 数据流和控制流

C. 操作码和操作数　D. 内码和外码

99. 键盘上的 Caps Lock 灯亮表示______。

A. 当前可以输入小写字母　　B. 当前可以输入大写字母

C. 当前可以输入数字　　D. 当前可以输入中文

100. 一条计算机指令可分为两部分，操作码指出执行什么操作，______指出需要操作的数据或数据的地址。

A. 源地址码　　B. 操作数　　C. 目标码　　D. 数据码

101. 在单 CPU 的计算机系统中，同一时刻只能运行______指令。

A. 一条　　B. 两条　　C. 八条　　D. 无限制

102. 关于软件的概念，下列______是正确的。

A. 软件就是程序　　B. 软件就是说明

C. 软件就是指令　　D. 软件是程序、数据及相关文档的集合

103. Microsoft Access 软件属于______软件。

A. 幻灯片制作　　B. 数据库管理　　C. 教学　　D. 游戏

104. 在比较两个同类型文件的大小时，从______中不能直接判断。

A. 打开过程的用时长短　　B. 所占存储字节数

C. 文件的建立时间　　D. 复制操作用时的长短

105. 通常所说的共享软件是指______。

A. 盗版软件

B. 一个人购买的商业软件，大家都可以借来使用

C. 在试用基础上提供的一种商业软件

D. 不受版权保护的公用软件

106. 微机启动时，首先同用户打交道的软件是______，在它的帮助下才得以方便、有效地调用系统各种资源。

A. 操作系统　　B. Word 字处理软件

C. 语言处理程序　　D. 实用程序

107. 下列有关计算机程序的说法，正确的是______。

A. 程序都在 CPU 中存储并运行

B. 程序由外存读入内存后，在 CPU 中执行

C. 程序在外存中存储并执行

D. 程序在内存中存储，在外存中执行

108. 下列叙述中，正确的说法是______。

A. 编译程序、解释程序和汇编程序不是系统软件

B. 故障诊断程序、人事管理系统属于应用软件

C. 操作系统、财务管理程序都不是应用软件

D. 操作系统和各种程序设计语言的处理程序都是系统软件

109. 计算机程序主要由算法和数据结构组成。计算机中将解决问题的有穷操作步骤称为______，它直接影响程序的优劣。

A. 算法 B. 数据结构 C. 数据 D. 程序

110. 下列有关计算机系统软件的叙述正确的是______。

A. 方便使用计算机 B. 清除病毒，维护计算机的正常运行

C. 开发电子商务系统 D. 解决语音输入

111. Java 语言编译系统是______。

A. 系统软件 B. 操作系统 C. 应用软件 D. 用户文件

112. 操作系统功能包括进程管理、存储器管理、设备管理、文件管理、用户接口，其中的“存储器管理”主要是对______。

A. 外存的管理 B. 辅助存储器的管理

C. 内存的管理 D. 内存和外存统一管理

113. 下面关于操作系统的叙述中，错误的是______。

A. 操作系统是用户与计算机之间的接口

B. 操作系统直接作用于硬件上，并为其他应用软件提供支持

C. 操作系统可分为单用户、多用户等类型

D. 操作系统可直接编译高级语言源程序并执行

114. 下列四种操作系统，以“及时响应外部事件”（如炉温控制、导弹发射等）为主要目标的是______。

A. 批处理操作系统 B. 分时操作系统

C. 实时操作系统 D. 网络操作系统

115. 在操作系统中，关于文件的存储，下面说法正确的是______。

A. 一个文件必须存储在磁盘上一片连续的区域中

B. 一个文件可以存储在磁盘不同的磁道及扇区中

C. 磁盘整理一定能将文件连续存放

D. 文件的连续存放与否与文件的类型有关

116. 计算机操作系统协调和管理计算机软硬件资源，同时还是______之间的接口。

A. 主机和外设 B. 用户和计算机

C. 系统软件和应用软件 D. 高级语言和计算机语言

117. 在下列叙述中，正确的是______。

A. 所有类型的程序设计语言及其编写的程序均可以直接运行

B. 程序设计语言及其编写的程序必须在操作系统支持下运行

C. 操作系统必须在程序设计语言的支持下运行

D. 程序设计语言都是由英文字母组成的

118. 操作系统中“文件管理”的功能较多，最主要功能是______。

A. 实现对文件的内容管理　　B. 实现对文件的属性管理

C. 实现对文件的输入、输出管理　　D. 实现对文件的按名存取

119. 主计算机采用时间分片的方式轮流地为各个终端服务，及时对用户的服务请求予以响应，如买火车票等，这样的操作系统类型是______。

A. 单用户操作系统　　B. 批处理操作系统

C. 分时操作系统　　D. 分布式操作系统

120. 某程序段内存在条件 P，当 P 为真时执行 A 模块，否则执行 B 模块。该程序片段是结构化程序设计三种基本结构中的______。

A. 连续结构　　B. 选择结构　　C. 循环结构　　D. 顺序结构

121. 计算机能直接识别和执行的语言是______。

A. 机器语言　　B. 高级语言　　C. 数据库语言　　D. 汇编程序

122. 以下关于汇编语言的描述中，错误的是______。

A. 汇编语言使用的是助记符号

B. 汇编程序是一种不再依赖于机器的语言

C. 汇编语言诞生于 20 世纪 50 年代初期

D. 汇编语言不再使用难以记忆的二进制代码

123. 程序设计的核心是______。

A. 数据　　B. 语句　　C. 格式　　D. 算法＋数据结构

124. 将高级语言的源程序变为目标程序要经过______。

A. 调试　　B. 汇编　　C. 编辑　　D. 编译

125. 程序设计方法主要有两种，其中 C＋＋语言程序设计所采用的设计方法是______程序设计。

A. 面向机器　　B. 面向用户　　C. 面向对象　　D. 面向问题

二、多项选择题

1. 计算机不能正常启动，则可能的原因有______。

A. 电源故障　　B. 操作系统故障　　C. 主板故障　　D. 内存条故障

2. 在下列关于计算机软件系统组成的叙述中，错误的有______。

A. 软件系统由程序和数据组成

B. 软件系统由软件工具和应用程序组成

C. 软件系统由软件工具和测试软件组成

D. 软件系统由系统软件和应用软件组成

3. 在下列有关计算机操作系统的叙述中，正确的有______。

A. 操作系统属于系统软件

B. 操作系统只负责管理内存储器，而不管理外存储器

C. UNIX 是一种操作系统

D. 计算机的处理器、内存等硬件资源也由操作系统管理

4. 下列关于微型机中汉字编码的叙述，______是正确的。

A. 五笔字型编码是汉字输入码

B. 汉字库中寻找汉字字模时采用输入码

C. 汉字字形码是汉字字库中存储的汉字字形的数字化信息

D. 存储或处理汉字时采用机内码

5. 下列汉字输入法中，有重码的输入法有______。

A. 微软拼音输入法　　B. 区位码输入法

C. 智能 ABC 输入法　　D. 五笔字型输入法

6. 下列存储器中，CPU 能直接访问的有______。

A. 内存储器　　B. 硬盘存储器

C. Cache(高速缓存)　　D. 光盘

7. 影响计算机速度的指标有______。

A. CPU 主频　　B. 内存容量　　C. 硬盘容量　　D. 显示器分辨率

8. 表示计算机存储容量的单位有______。

A. 页　　B. 千字节(KB)　　C. 兆字节(MB)　　D. 字节(B)

9. 在利用计算机高级语言进行程序设计过程中，必不可少的步骤是______。

A. 编辑源程序　　B. 程序排版　　C. 编译或解释　　D. 资料打印

10. 以下属于图形图像来源有效途径的有______。

A. 用软件创作　　B. 用扫描仪扫描

C. 用数码相机拍摄　　D. 从屏幕、动画、视频中捕捉

11. 系统总线按其传输信息的不同，可分为______。

A. 数据总线　　B. 地址总线　　C. 控制总线　　D. I/O 总线

12. 下述选项中，属于系统软件的是______。

A. Windows 10　　B. 数据库管理系统

C. Office 2016　　D. QQ

单元二 Windows 10 的操作

实验一 管理计算机资源

一、实验目的

(1)了解 Windows 10 的桌面组成。

(2)理解文件和文件类型以及文件夹的概念。

(3)掌握文件和文件夹的操作方法。

(4)掌握 Windows 10 窗口的组成与操作。

二、实验任务

(1)文件与文件夹的创建。

(2)资源管理器和库的操作。

(3)文件与文件夹的搜索。

(4)文件属性的认识。

三、实验内容与步骤

1. 创建文件夹

在 D 盘上创建一个文件夹,取名为:"我的资料",在"我的资料"文件夹下分别建立"软件""音乐""照片"和"电子图书"四个文件夹。

操作步骤:

(1)在桌面上双击"此电脑"图标,打开"资源管理器"(推荐用户使用键盘上的 Windows 键+E 键进入)。在"资源管理器"中,单击左侧导航窗格中磁盘 D 的图标,或者双击右侧文件窗格中的磁盘 D 图标,打开磁盘 D,如图 2-1 所示。

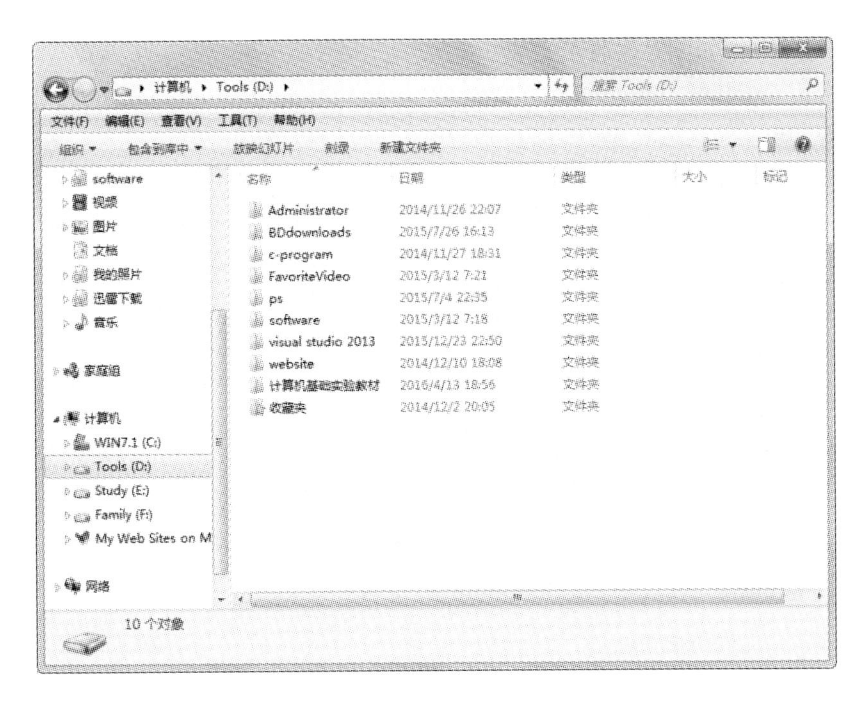

图 2-1　Windows 10 资源管理器

(2)单击“资源管理器”工具栏上的【新建文件夹】按钮，则新建一个文件夹。填写新文件的名称“我的资料”，写好后按回车键完成文件夹的创建，如图 2-2 所示。也可在工作区中通过右击鼠标的方式创建新文件夹。

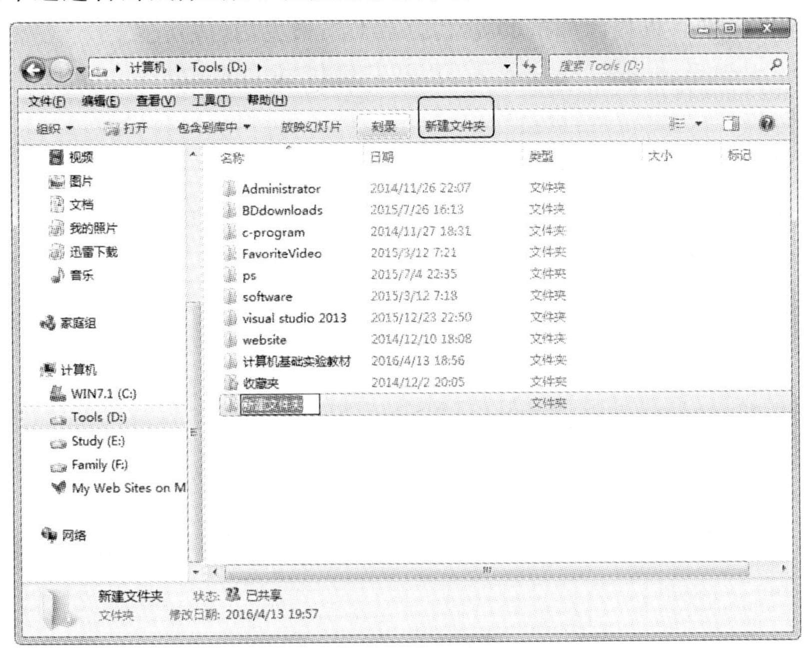

图 2-2　创建“我的资料”文件夹

(3)打开“我的资料”文件夹，用同样的方法创建“软件”“音乐”“图片”和“电子图书”等四个文件夹，如图 2-3 所示。

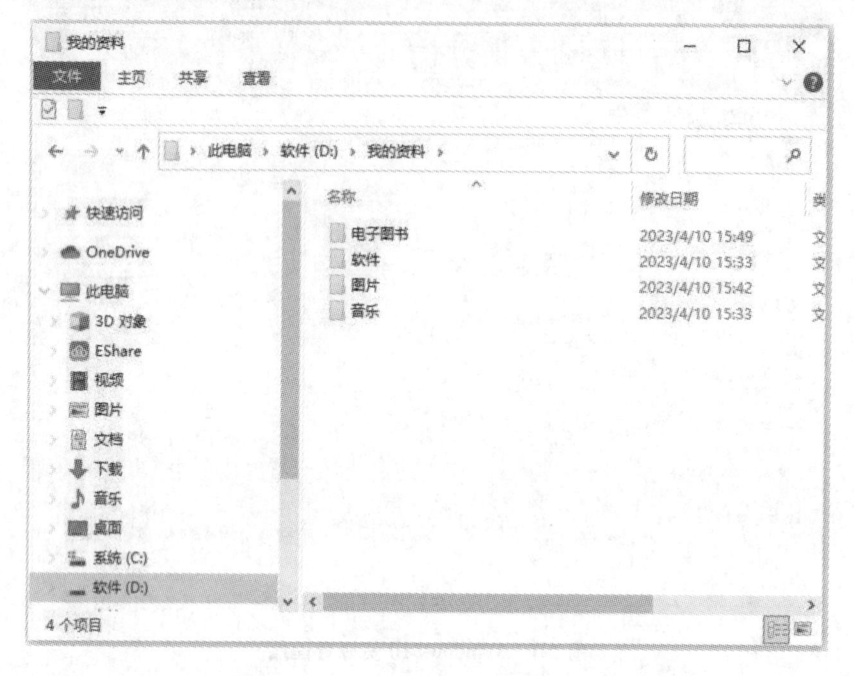

图 2-3　创建四个文件夹

2. 复制文件

查找计算机 D 盘上的图片文件，选择一些图片复制到 D 盘“我的资料”文件夹内的“图片”文件夹中。查找计算机 D 盘上的电子图书文档(PDF 文档)，选择一些电子图书复制到 D 盘“我的资料”文件夹内的“电子图书”文件夹中。

操作步骤：

(1)在“资源管理器”中选择 D 盘。

(2)在搜索框中输入“ *. jpg”，按回车键。计算机将 D 盘所有扩展名为. jpg 的文件显示在“资源管理器”窗口中，如图 2-4 所示。

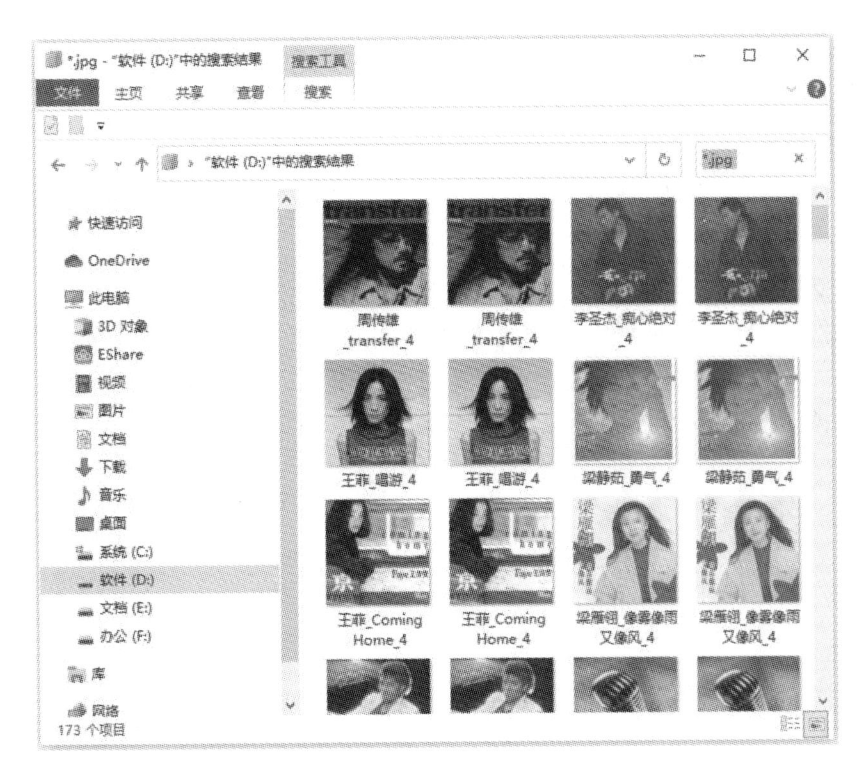

图 2-4　搜索 jpg 图片文件

（3）选择一些图片文件，按【Ctrl＋C】复制这些图片到剪贴板上。

（4）打开 D 盘"我的资料"文件夹内的"照片"文件夹，按【Ctrl＋V】键，将刚才复制到剪贴板的图片粘贴到当前文件夹中，如图 2-5 所示。

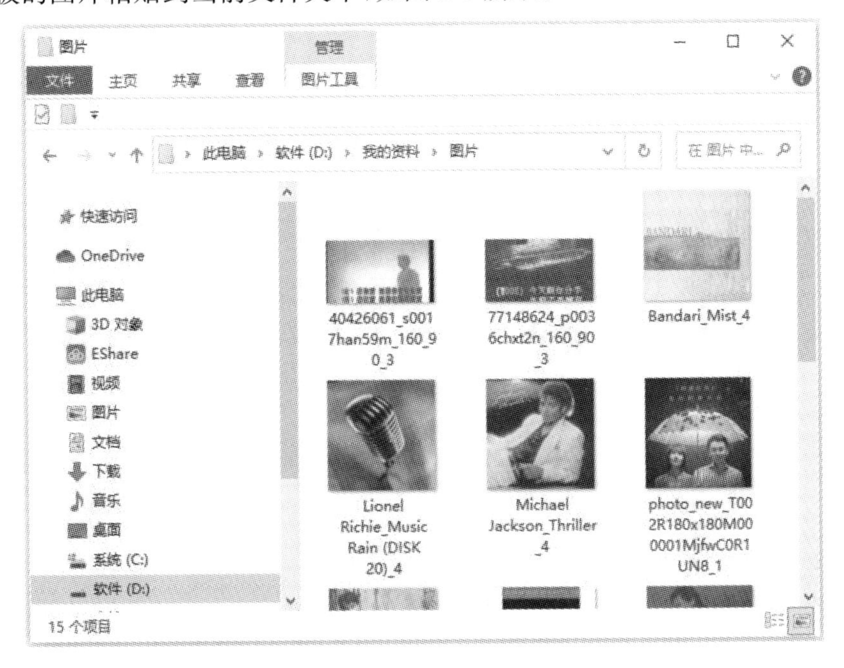

图 2-5　复制了一些图片到指定文件夹中

(5)按照同样的方法可以搜索D盘上扩展名为.pdf的电子图书文件，选择一些文件复制到D盘“我的资料”文件夹内的“电子图书”文件夹中。

3. 库的操作

新建一个库，命名为“我的照片”，将“库位置”设置为D盘“我的资料”文件夹内的“图片”文件夹。

操作步骤：

(1)在“文件资源管理器”左侧导航窗格空白处右击鼠标，在弹出的快捷菜单中选中“显示库”命令，则“库”就显示在左侧导航窗格中了，如图2-6所示。默认情况下，Window 10不显示“库”。

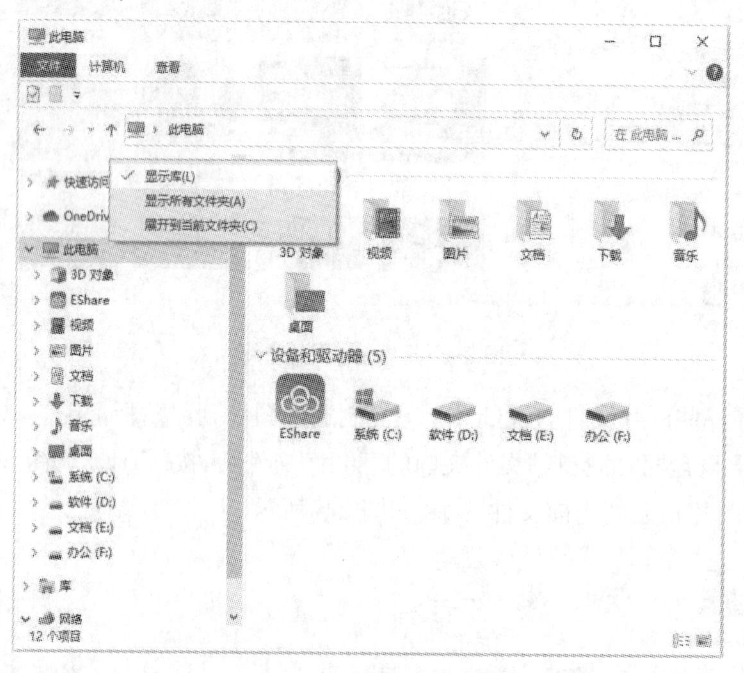

图2-6 显示“库”文件夹

(2)在“文件资源管理器”左侧导航窗格中单击“库”，打开“库”文件夹。

(3)在“库”文件夹中，右击鼠标，在弹出的菜单中选择【新建】|【库】命令，则可以在库文件夹中建立一个新库，如图2-7(a)所示。输入新库的名称“我的照片”，按回车键，如图2-7(b)所示。

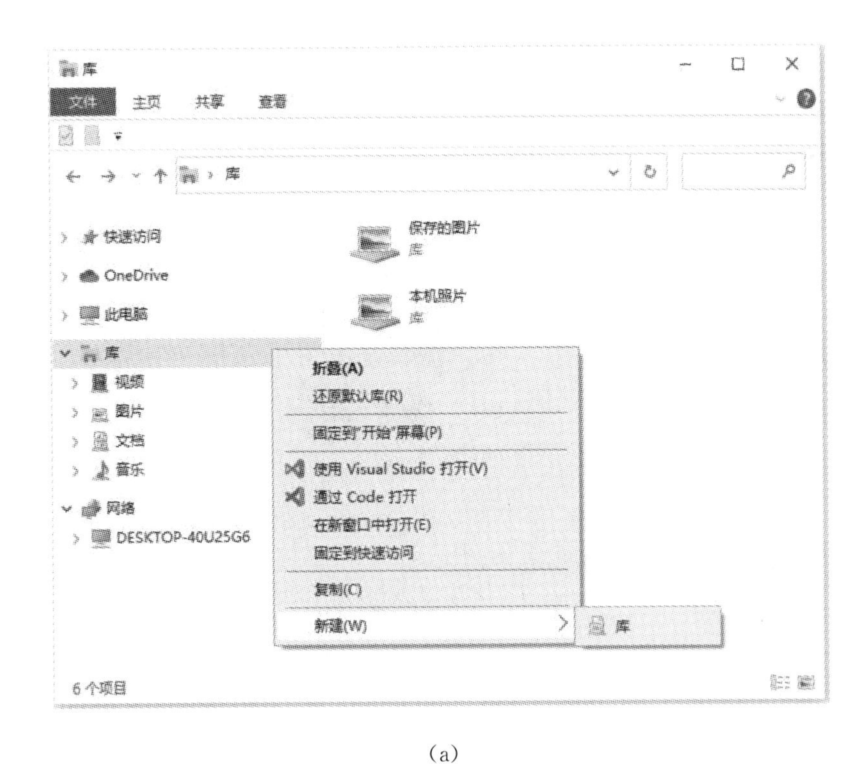

(a)

(b)

图 2-7　新建“库”

(4)单击左侧导航窗格库列表中的“我的照片”库，则右侧显示“我的照片”为空，如图 2-8 所示。

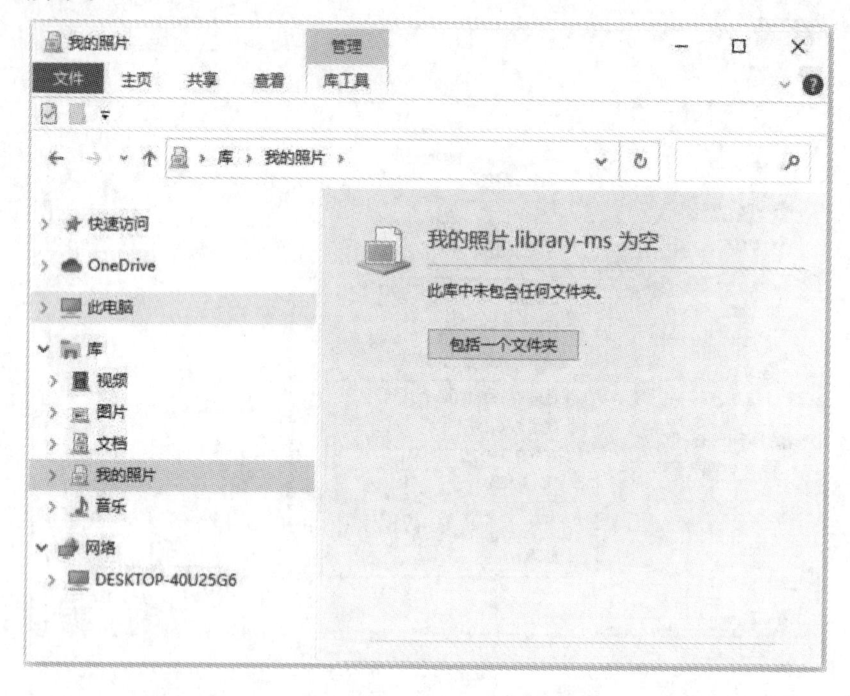

图 2-8　设置“我的照片”库位置

(5)单击右侧文件窗格中的【包括一个文件夹】按钮,打开【将文件夹加入“我的照片”中】对话框。选择 D 盘“我的资料”文件夹中的“图片”文件夹,单击【加入文件夹】按钮,完成设置,如图 2-9 所示。

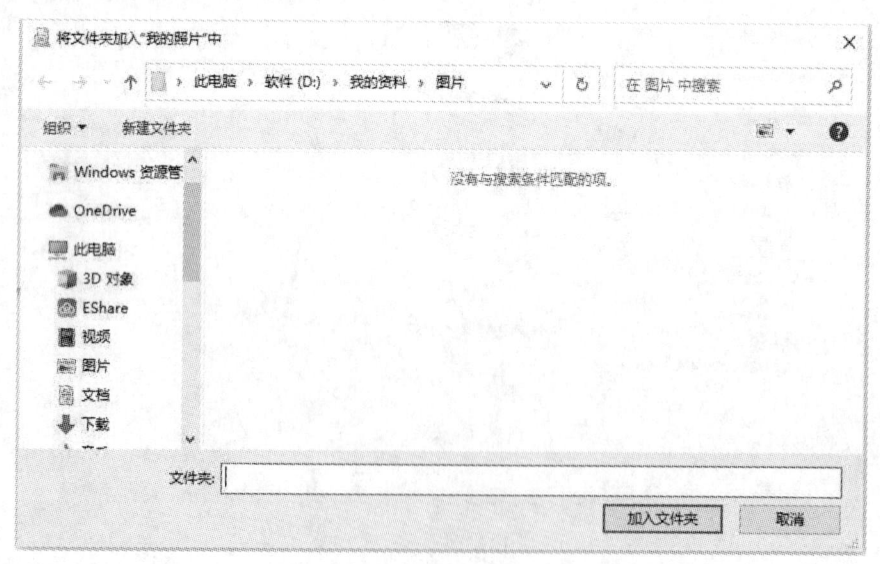

图 2-9　【将文件夹加入“我的照片”中】对话框

把 D 盘“我的资料”文件夹中的“图片”文件夹包括以后,在库列表中可以看到“我的照片”库下包括了“图片”文件夹,如图 2-10 所示。

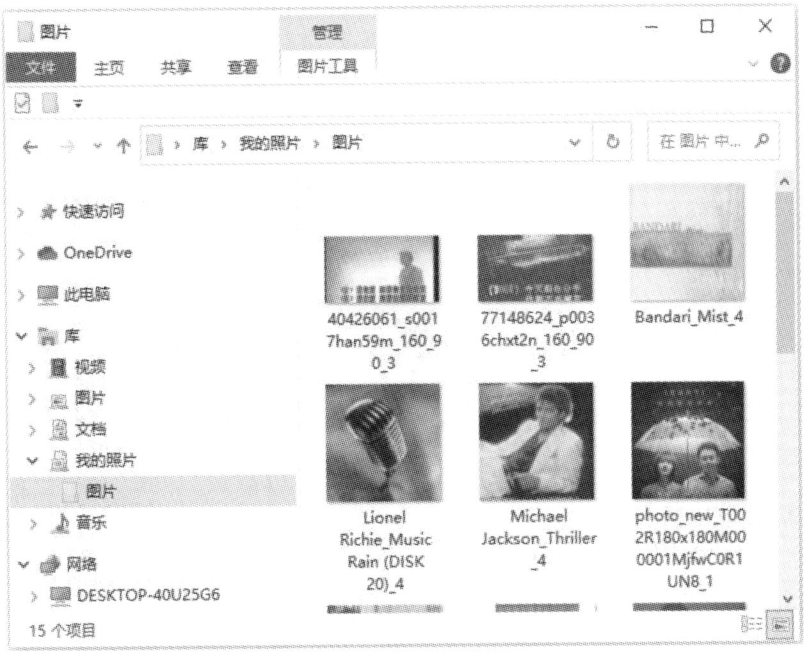

图 2-10 我的照片库

4. 库中文件的操作

打开“我的照片”库,预览图片。通过“图片工具”可以进行旋转图片、放映幻灯片、设置为桌面背景等操作。通过右击鼠标查看“属性”,可以看到图片分辨率、大小、拍摄日期等更详细的图片信息。

操作步骤:

(1)在“资源管理器”中单击导航窗格库列表的“我的照片”,打开“我的照片”库。

(2)单击窗口右下角的“显示方式切换”按钮,选择“在窗口中显示每一项的相关信息”或“使用大缩略图显示项”。图 2-10 是以“使用大缩略图显示项”方式显示的图片。

(3)单击工具栏上的【图片工具】选项,可以进行将选定的图片旋转、放映幻灯片、设为桌面背景等操作,如图 2-11 所示。

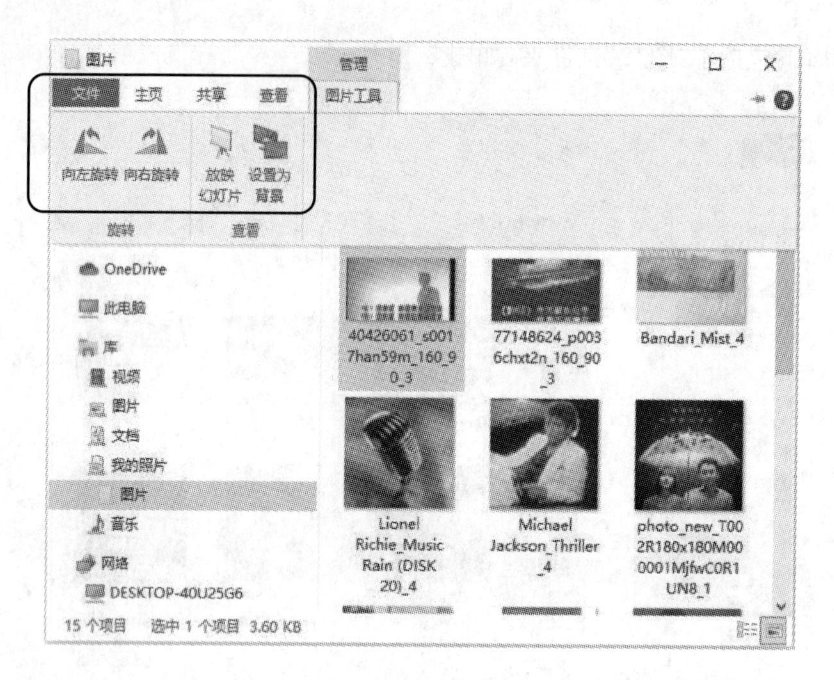

图 2-11 图片工具

5. 修改文件扩展名

打开“电子图书”文件夹，将其中的一个 pdf 文件复制成同名的 docx 文件。

操作步骤：

(1)打开“资源管理器”，在导航窗格中依次展开“计算机”→“D 盘”→“我的资料”→“电子图书”，如图 2-12 所示。

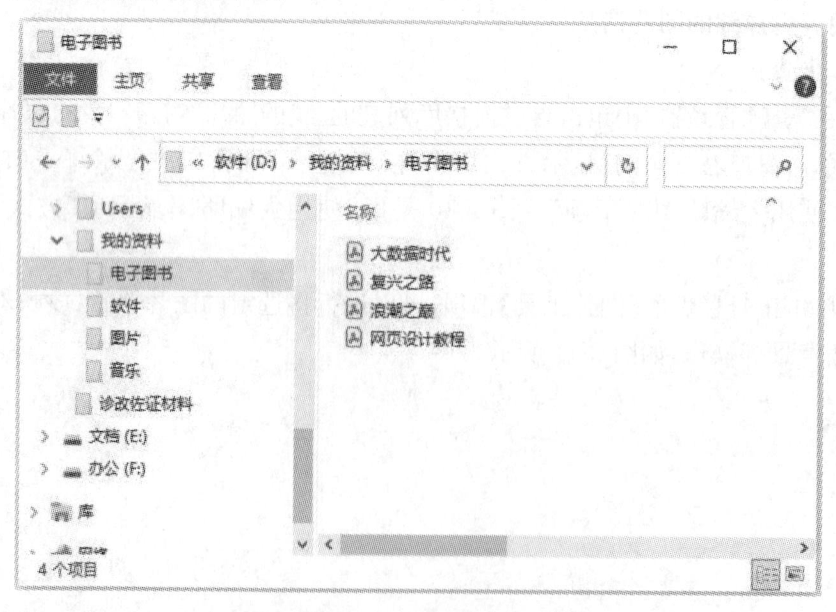

图 2-12 打开“电子图书”文件夹

(2)在名称为“复兴之路”的文件上右击鼠标，在打开的快捷菜单上单击“复制”命令，将文件复制到剪贴板中。

(3)在文件窗格中右击鼠标，在打开快捷菜单上单击“粘贴”命令，则文件窗格中出现一个名称为“复兴之路-副本”的文件，如图 2-13 所示。

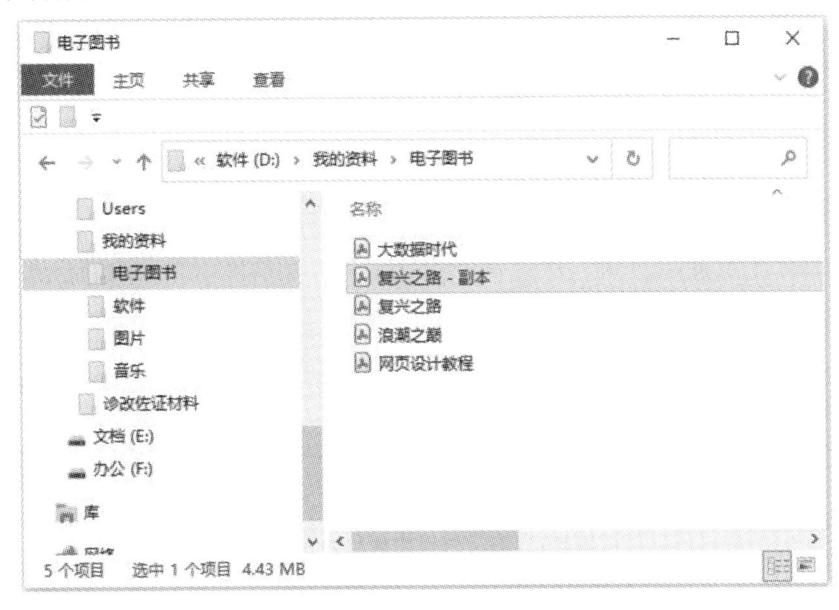

图 2-13 文件复制

(4)单击菜单栏的“查看”选项，在“显示/隐藏”功能区中勾选“文件扩展名”复选框，文件的扩展名将被显示出来，如图 2-14 所示。

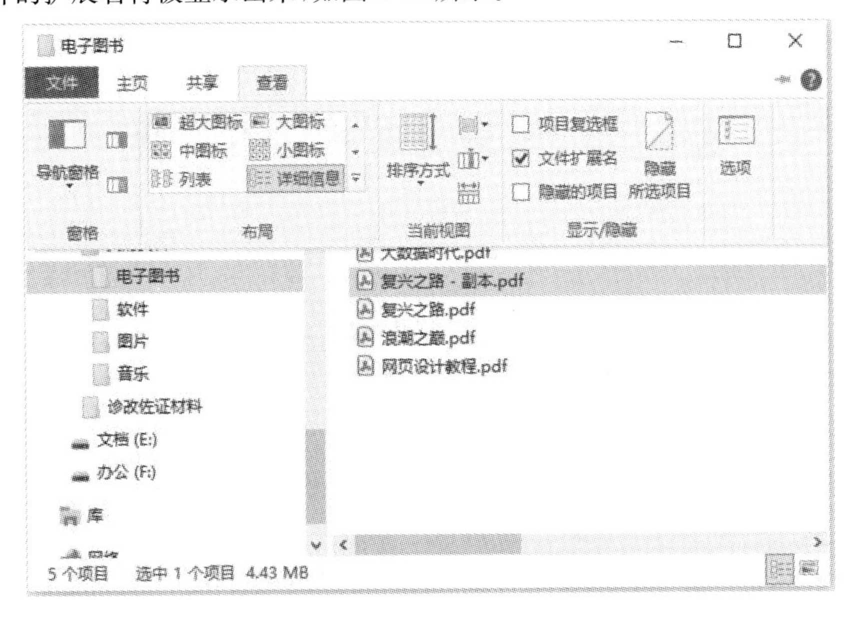

图 2-14 显示文件扩展名

(5)两次单击(不是双击)“复兴之路-副本. pdf”文件,将文件名称修改为“复兴之路. docx”,如图 2-15 所示。

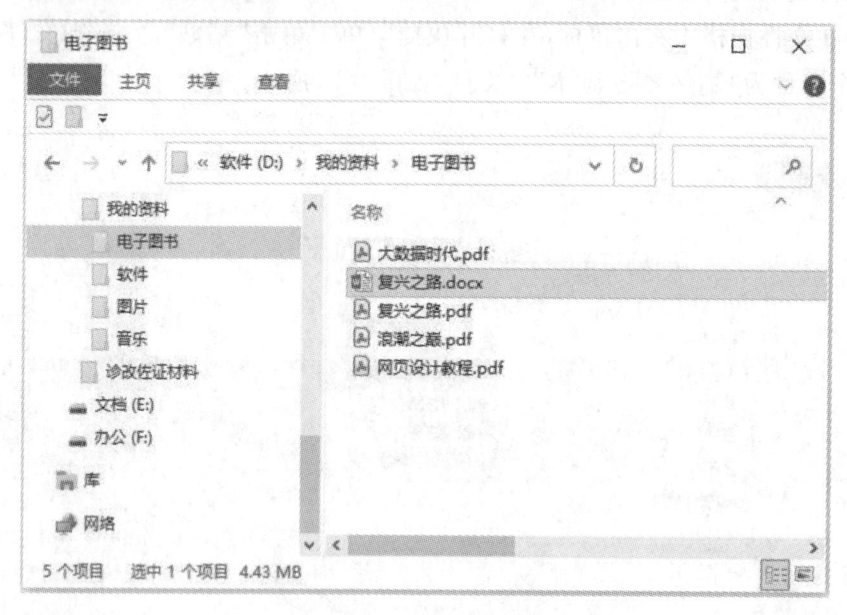

图 2-15 修改文件扩展名

注意:在修改文件扩展名时,系统会出现“如果改变文件扩展名,可能导致文件不可用”的提示。双击“复兴之路. docx”文件,Word 打开的是乱码。在实际应用中,修改文件扩展名要慎重。

实验二 定制计算机工作环境

一、实验目的

(1)掌握设置窗口中的系统、个性化、帐户[①]等应用。

(2)掌握任务栏和开始菜单的设置。

(3)了解打印机的安装和设置。

(4)了解声音/语音和音频设备的设置。

---

① “帐户”的规范用法是“账户”,“帐”旧同“账”。在《现代汉语词典(第 7 版)》出版之前,计算机科学中使用的都是“帐户”,该用法沿用至今。为保证“文、图、实际计算机三者的一致性”,让读者根据本书介绍能顺利操作计算机,本书仍使用“帐户”,特此说明!

二、实验任务

(1)定制桌面及“开始”菜单。

(2)定制用户帐户。

(3)设置个性化任务栏。

三、实验内容与步骤

1. 将桌面上常用的应用程序锁定到任务栏

将桌面上常用的应用程序锁定到任务栏通常采用三种方法,分别如下。

(1)在桌面上选定需要锁定到任务栏的应用程序图标,右击鼠标,在弹出的快捷菜单中选择“锁定到任务栏”命令。

(2)从桌面上或“开始”菜单中,将程序的快捷方式拖动到任务栏。

(3)如果是将桌面上已打开的应用程序锁定到任务栏,可右击任务栏中的程序图标,从快捷菜单中选择“固定到任务栏”命令,如图 2-16 所示。

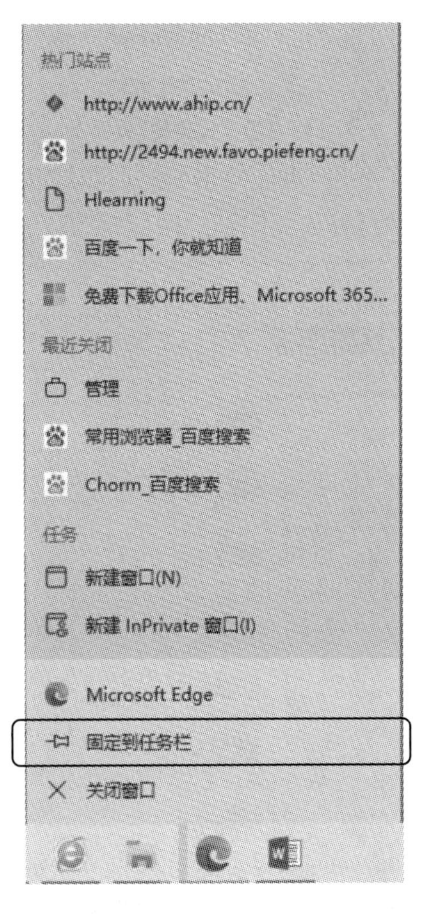

图 2-16 将已打开的应用程序锁定到任务栏

2. 关闭任务栏通知区域的时钟图标

操作步骤：

(1)在任务栏上右击鼠标,在弹出的快捷菜单中选择“任务栏设置”命令,打开【设置】窗口的“任务栏”页面,如图 2-17 所示。

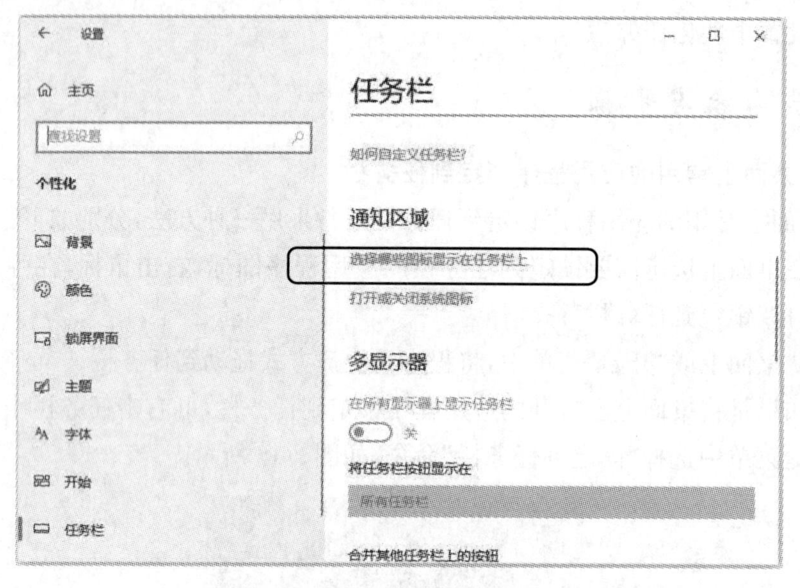

图 2-17 “任务栏”页面

(2)在【设置】窗口的“任务栏”页面单击“通知区域”中的“打开或关闭系统图标”超链接,打开【设置】窗口的“打开或关闭系统图标”页面,如图 2-18 所示。

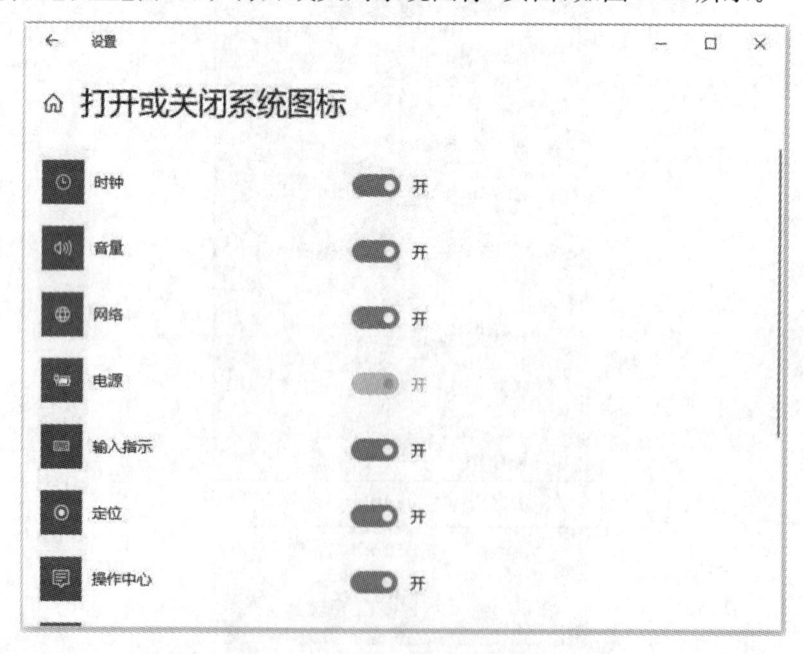

图 2-18 “打开或关闭系统图标”页面

(3)单击“时钟”图标右侧的开关按钮，将通知区域的“时钟”图标关闭，再次单击该开关按钮可以显示“时钟”图标。

3. 以幻灯片形式播放桌面背景

将桌面背景设置为幻灯片播放，幻灯片相册为系统默认，图片切换频率为“1 小时”，播放顺序为“无序播放”。

操作步骤：

(1)在桌面上右击鼠标，在弹出的快捷菜单中单击“个性化”命令，打开【设置】窗口的“背景”页面，如图 2-19 所示。

图 2-19　“背景”页面

(2)在“背景”页面中单击“背景”下拉列表，选择“幻灯片放映”，在“图片切换频率”下拉列表中选择“1 小时”，将“无序播放”按钮选为“开”状态。

(3)关闭“背景”页面，则 Windows 桌面背景将每隔一小时更换一次图片。用户也可以将自定义图片用作桌面背景图片。

4. 创建标准帐户

创建一个标准帐户，名称为 User1，密码为 123，并把 Windows 系统切换到 User1。

操作步骤：

(1)在【设置】窗口中单击“帐户”图标，打开【设置】窗口的“帐户信息”页面，如图 2-20 所示。

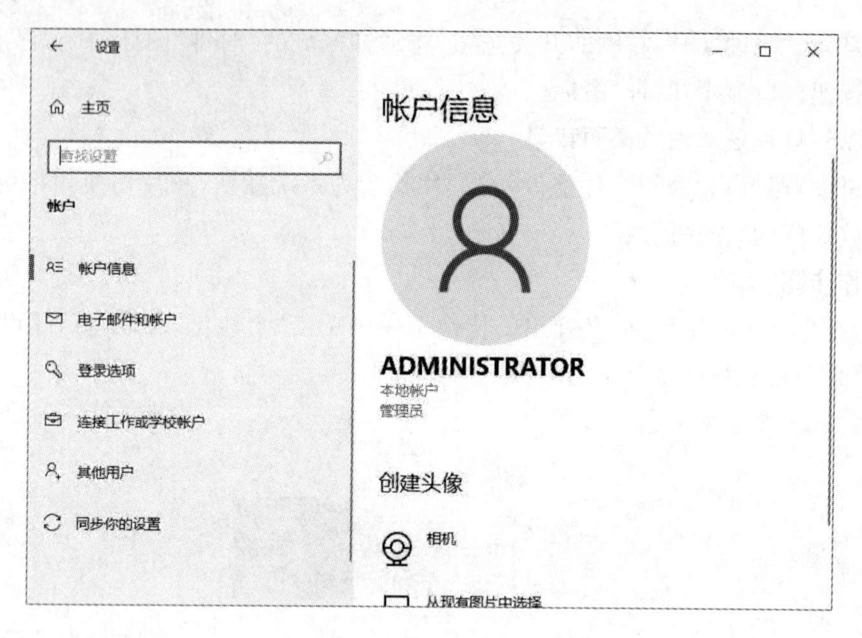

图 2-20 “帐户信息”页面

（2）单击左侧功能列表中的“其他用户”命令，打开【设置】窗口的“其他用户”页面，如图 2-21 所示。

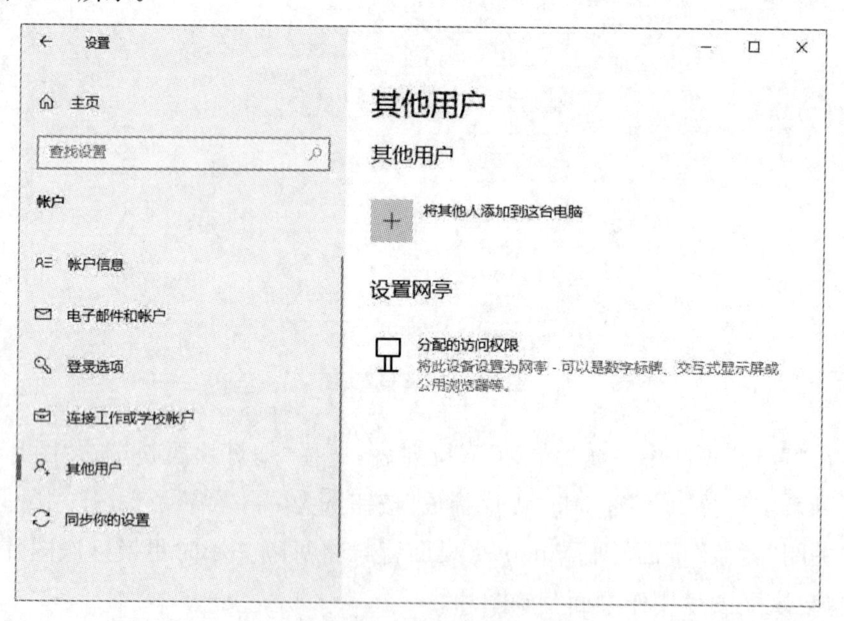

图 2-21 “其他用户”页面

（3）单击“将其他人添加到这台电脑”命令，打开“本地用户和组”窗口，如图 2-22 所示。

图 2-22 “本地用户和组”窗口

(4)在窗口左侧的“用户”列表上右击鼠标,在弹出的菜单中选择“新用户…”命令,打开“新用户”对话框,如图 2-23 所示。

新用户

用户名(U): User1

全名(F): User1

描述(D): 测试用户

密码(P): ●●●

确认密码(C): ●●●

☑用户下次登录时须更改密码(M)

☐用户不能更改密码(S)

☐密码永不过期(W)

☐帐户已禁用(B)

帮助(H) 创建(E) 关闭(O)

图 2-23 添加新用户

(5)在“新用户”对话框中输入用户名(User1)、密码(123)等信息,单击【创建】按钮创建一个新用户。返回“其他用户”页面,可以看到刚才创建的用户 User1,如图 2-24 所示。

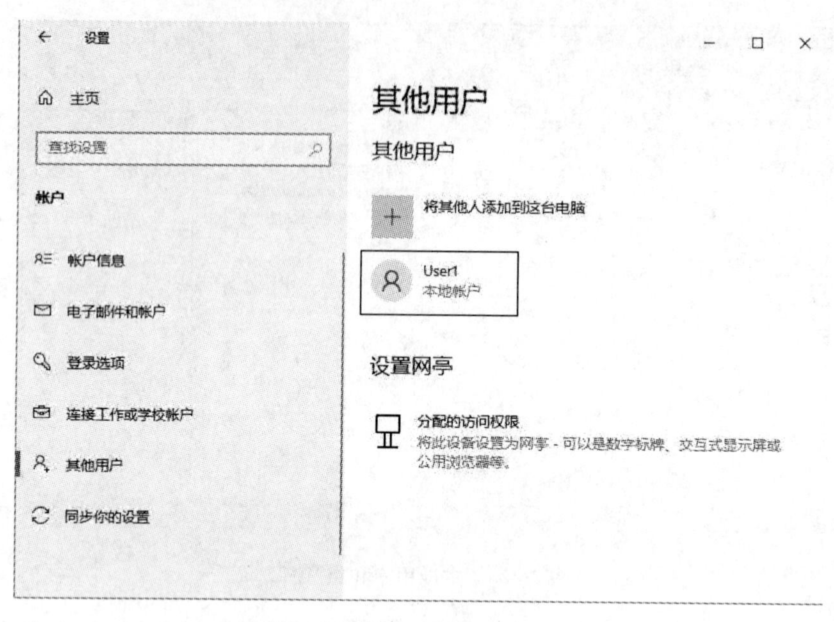

图 2-24　添加了新用户 User1

(6)单击“开始”菜单的“用户”图标,可以看到用户 User1。单击 User1 图标,即可将当前系统用户切换为 User1 用户,如图 2-25 所示。

图 2-25　在“开始”菜单中切换用户

实验三　软件的安装与卸载

一、实验目的

(1)掌握检查计算机配置信息的方法。

(2)掌握软件的下载方法。

(3)掌握软件的安装与启动方法。

(4)掌握软件的下载方法。

二、实验任务

(1)准备软件安装。

(2)下载软件。

(3)安装软件,选择安装路径。

(4)卸载软件和管理应用程序。

三、实验内容与步骤

1. 检查计算机配置

检查计算机配置,看是否符合软件的安装要求。步骤如下。

(1)右击桌面上的“此电脑”图标,在弹出的快捷菜单中选择“属性”命令,打开“设置”窗口的“关于”页面,如图 2-26 所示。

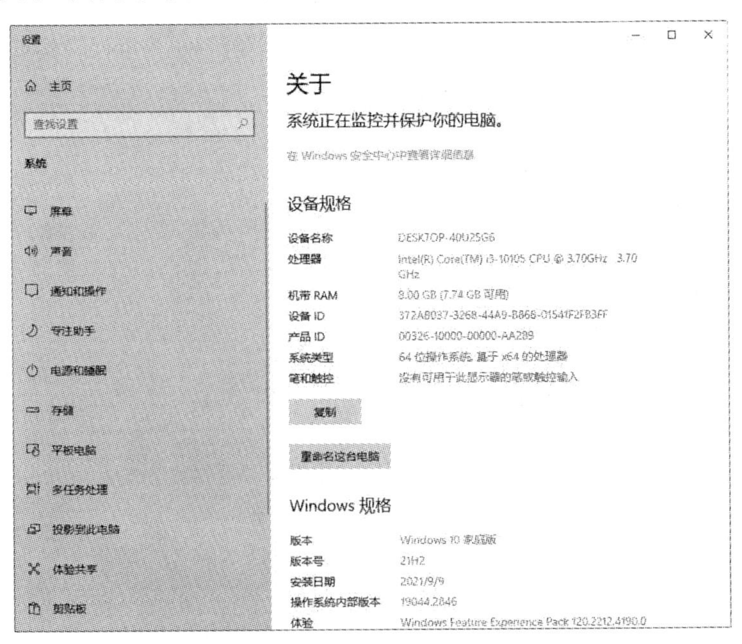

图 2-26　“关于”页面

(2)在“关于”页面中,可以看到设备处理器、内存、操作系统类型等信息。

2. 安装百度网盘

实验步骤:

(1)下载“百度网盘”安装文件(通常要下载与系统要求一致的软件版本,否则有可能安装不上)。

(2)软件下载完成后,双击安装程序文件,打开“打开文件-安全警告”对话框,如图 2-27 所示。

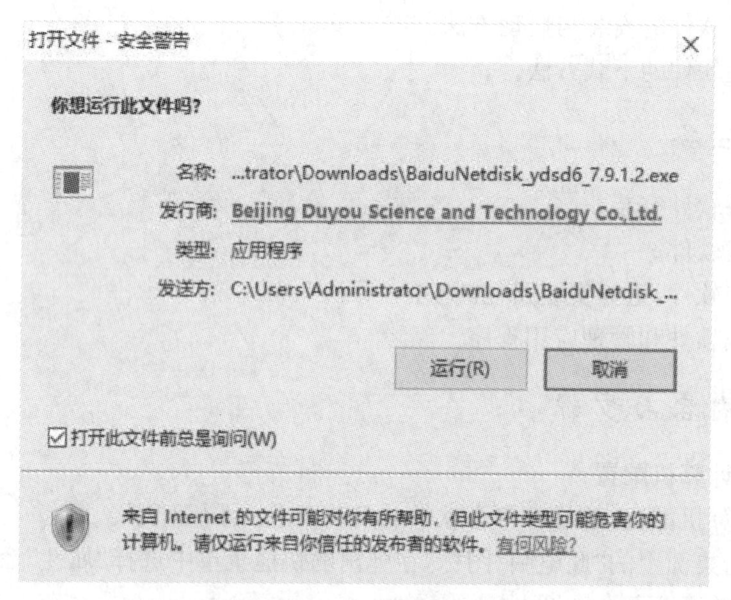

图 2-27 运行百度网盘安装文件

(3)单击【运行】按钮,打开“百度网盘”安装向导对话框,如图 2-28 所示。

图 2-28 “百度网盘”安装向导对话框

(4)勾选“阅读并同意用户协议和隐私政策”复选框，单击“安装位置”文本框右侧的箭头设置应用程序安装位置(也可以用默认安装位置)，单击【极速安装】按钮，完成应用程序的安装。

3. 卸载百度网盘

在“设置”窗口的“程序和功能”页面中查看已经安装的程序，卸载百度网盘程序。步骤如下。

(1)在“设置”窗口主页中单击“应用”图标，打开“应用和功能”页面，如图 2-29 所示。

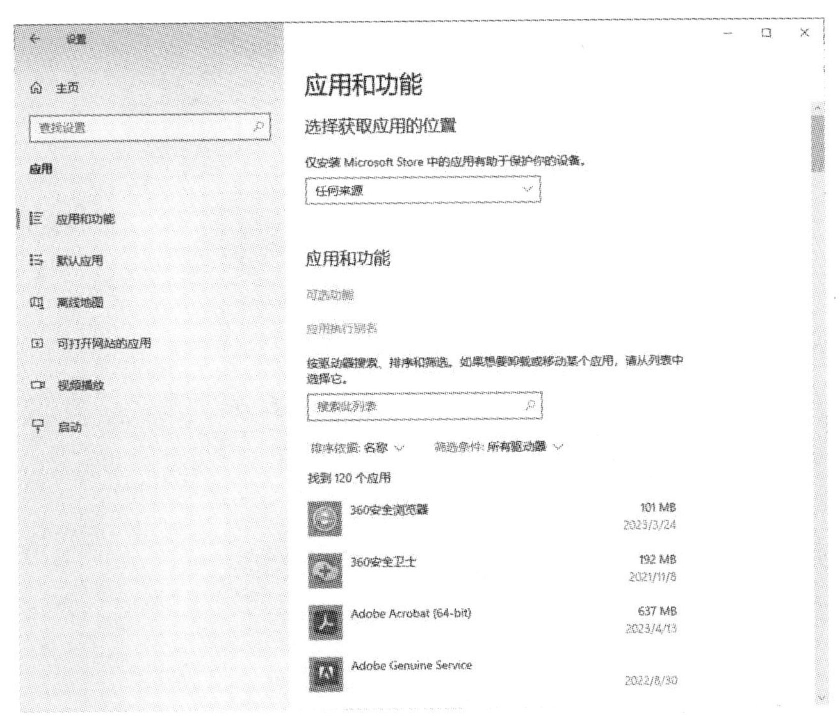

图 2-29　“应用和功能”页面

(2)在“应用和功能”页面中可以看到应用程序列表，通过滚动条找到“百度网盘”程序，单击“百度网盘”程序，弹出【修改】和【卸载】按钮，如图 2-30 所示。

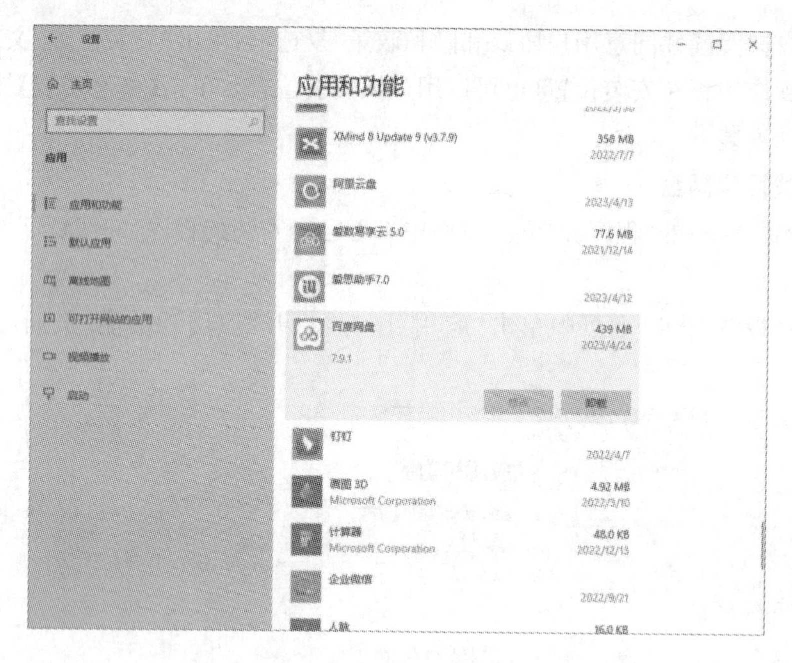

图 2-30 “应用和功能”页面

(3)单击【卸载】按钮,弹出“卸载百度网盘”对话框,如图 2-31 所示。

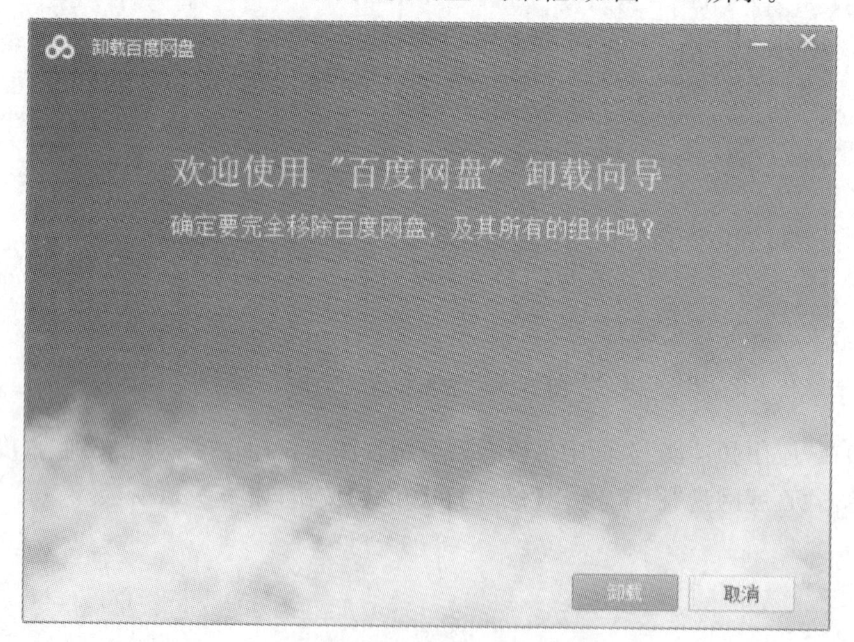

图 2-31 “卸载百度网盘”对话框

(4)在对话框上单击【卸载】按钮,可以卸载“百度网盘”应用程序。

习 题 二

一、单项选择题

1. 在 Windows 中，若要取消已经选定的多个文件或文件夹中的一个，应该按键盘上的______键再单击取消项。

A. Alt　　B. Ctrl　　C. Shift　　D. Esc

2. 使用家用电脑能一边听音乐，一边玩游戏，这主要体现了 Windows 的______。

A. 人工智能技术　　B. 自动控制技术　　C. 文字处理技术　　D. 多任务技术

3. 下面关于 Windows 窗口的描述中，错误的是______。

A. 窗口是 Windows 应用程序的用户界面

B. 按 Shift+Tab 键可以在各窗口之间切换

C. 用户可以改变窗口的大小

D. 窗口由边框、标题栏、菜单栏、工作区、状态栏、滚动条等组成

4. Windows 桌面底部的任务栏功能很多，但不能在“任务栏”内进行的操作是______。

A. 设置系统日期和时间　　B. 排列桌面图标

C. 排列和切换窗口　　D. 启动“开始”菜单

5. Windows 的“开始”菜单集中了很多功能，下列对其描述较准确的是______。

A. “开始”菜单就是计算机启动时所打开的所有程序的列表

B. “开始”菜单是用户运行 Windows 应用程序的入口

C. “开始”菜单是当前系统中的所有文件

D. “开始”菜单代表系统中的所有可执行文件

6. 在 Windows 中，鼠标指针呈四箭头形时，一般表示______。

A. 选择菜单　　B. 用户等待

C. 完成操作　　D. 选中对象可以上、下、左、右拖曳

7. 在 Windows 中，以______为扩展名的文件不是可执行文件。

A. COM　　B. SYS　　C. BAT　　D. EXE

8. 在 Windows 中，快捷方式文件的图标______。

A. 右下角有一个小箭头　　B. 左下角有一个箭头

C. 左上角有一个箭头　　D. 右上角有一个箭头

9. 在 Windows 中，要对当前屏幕进行截屏，可以按键盘上的______键。

A. Shift+P　　B. Ctrl+P　　C. Print Screen　　D. Alt+Print Screen

10. 删除 Windows 桌面上的“Microsoft Word”快捷方式图标，意味着______。

A. 该应用程序连同其图标一起被删除

B. 只删除了该应用程序,对应的图标被隐藏

C. 只删除了图标,对应的应用程序被保留

D. 下次启动后图标会自动恢复

11. 在 Windows 中,不同驱动器之间复制文件时可使用的鼠标操作是______。

A. 拖曳　　B. Shift+拖曳　　C. Alt+拖曳　　D. Ctrl+P

12. 在 Windows 中查找文件时,如果在“全部或部分文件名”框中输入“*. DOC”,则表明要查找的是______。

A. 文件名为 *. DOC 的文件

B. 文件名中有一个 * 的 DOC 文件

C. 所有的 DOC 文件

D. 文件名长度为一个字符的 DOC 文件

13. 在 Windows 中,将光盘放入光驱中,光盘内容能自动运行,是因为光盘的根目录上有______文件。

A. AUTOEXEC. BAT　　B. CONFIG. SYS

C. AUTORUN. INF　　D. SETUP. EXE

14. 在 Windows 中,选用中文输入法后,可以按______实现中英文标点符号的切换。

A. Caps Lock 键　　B. Ctrl+圆点键　　C. Shift+空格键　　D. Ctrl+空格键

15. 在 Windows 中,当键盘上有某个字符键因损坏而失效,则可以使用中文输入法按钮组中的______来输入字符。

A. 光标键　　B. 功能键　　C. 小键盘区键　　D. 软键盘

16. Windows 的文件夹组织结构是一种______。

A. 表格结构　　B. 树形结构　　C. 网状结构　　D. 线形结构

17. 在 Windows 中,要将文件直接删除而不是放入回收站,正确的操作是______。

A. 按 Delete(Del)键

B. 按 Shift 键

C. 按 Shift+Delete(Del)键

D. 使用“文件”菜单下的“删除”菜单项

18. 下列文件名在 Windows 中错误的是______。

A. 安徽　　B. 计算机　　C. 安徽. 计算机　　D. 安徽:计算机

19. 如果要彻底删除系统中已安装的应用软件,则最正确的方法是______。

A. 直接找到该文件或文件夹进行删除操作

B. 用控制面板中的“添加/删除程序”或软件自带的卸载程序完成

C. 删除该文件及快捷图标

D. 对磁盘进行碎片整理操作

20. 在 Windows 启动过程中，系统将自动执行“开始”菜单中的______项所包含的应用程序。

A. 程序　　B. 附件　　C. 启动　　D. 游戏

21. 在 Windows 系统中，在通过“cmd”进入虚拟 DOS 后，若想再返回 Windows，则可键入______命令使其返回。

A. Down　　B. Quit　　C. Exit　　D. Delete

22. 在 Windows 中，下列关于应用程序窗口与应用程序关系的叙述，错误的是______。

A. 一个应用程序窗口可含多个文档窗口（如用 Word 可打开多个 DOC 文档）

B. 一个应用程序窗口与多个应用程序相对应

C. 应用程序窗口最小化后，其对应的程序仍占用系统资源

D. 应用程序窗口关闭后，其对应的程序结束运行

23. 在 Windows 中，可以通过______进行系统硬件配置。

A. 控制面板　　B. 回收站　　C. 附件　　D. 系统监视器

24. 在 Windows 中，计算机利用______与用户进行信息交换。

A. 菜单　　B. 工具栏　　C. 对话框　　D. 应用程序

25. 在 Windows 中，经常使用所谓的“即插即用”设备，“即插即用”的含义是______。

A. 不需要 BIOS 支持即可使用硬件

B. Windows 系统所能使用的硬件

C. 安装在计算机上不需要配置任何驱动程序就可使用的硬件

D. 计算机上安装硬件后，系统自动识别并完成驱动程序的安装和配置

26. 对于 Windows 的控制面板，以下说法错误的是______。

A. 控制面板是一个专门用来管理计算机系统的应用程序

B. 从控制面板中无法删除计算机中已经安装的声卡设备

C. 在经典视图中，对于控制面板中的项目，可以在桌面上建立起它的快捷方式

D. 可以通过控制面板删除一个已经安装的应用程序

27. 在 Windows 的资源管理器中，对选定的多个文件对象执行的操作，错误的是______。

A. 删除　　B. 复制　　C. 剪切　　D. 同时重命名

28. 在 Windows 中，要查找以“安徽”开头的所有文件，应该在搜索名称框内输入______。

A. 安徽　　B. *安徽　　C. 安徽　　D. 安徽*

二、多项选择题

1. 在 Windows 中，显示文件(夹)有______几种方式。

A. 大图标　　B. 平铺　　C. 列表　　D. 详细信息

2. 在 Windows 中搜索文件时，在文件名框中输入“？N＊.＊”可以搜索到的文件有______。

A. AN01. EXE　　B. NAN12. DOC　　C. TN. JPG　　D. NAHAI. TXT

3. 在 Windows 中，更改文件名的正确方法包括______。

A. 用鼠标右击文件名，选择“重命名”，键入新文件名后回车

B. 选中文件，从“文件”菜单中选择“重命名”，键入新文件名后回车

C. 用鼠标左键单击图标，然后按 F2 键

D. 先选中要更名的文件，然后再单击文件名框，键入新文件名后按回车

4. 关于输入法状态切换的组合键正确的是______。

A. 使用“Ctrl＋、”来切换中英文标点符号

B. 使用“Ctrl＋空格”来打开或关闭中文输入法

C. 使用“Shift＋空格”来切换半角输入模式和全角输入模式

D. 使用“Ctrl＋Shift”在各种中文输入法之间进行切换

5. 在 Windows 中，下列有关回收站的叙述，错误的有______。

A. 回收站只能恢复刚刚被删除的文件、文件夹

B. 可以恢复回收站中的文件、文件夹

C. 只能在一定时间范围内恢复被删除的磁盘上的文件、文件夹

D. 可以无条件地恢复磁盘上所有被删除的文件、文件夹

6. 在 Windows 中，下列______操作可以在“控制面板”中实现。

A. 创建快捷方式　　B. 添加新硬件

C. 调整鼠标的使用设置　　D. 进行网络设置

7. 在 Windows 中，查找文件可以按______查找。

A. 修改日期　　B. 文件大小　　C. 名称　　D. 删除的顺序

8. Windows 支持磁盘碎片整理，磁盘碎片整理的作用包括______。

A. 清除掉回收站中的文件　　B. 提高文件的读写速度

C. 使文件在磁盘上连续存放　　D. 增大硬盘空间

9. 在 Windows 中，下列不正确的文件名是______。

A. MY PARK GROUP. TXT　　B. A<>B. DOC

C. FILE|FILE2. XLS　　D. A？B. PPT

10. 关于“快捷方式”，下列叙述正确的有______。

A. 快捷方式就是桌面上的一个图标，它指出了相应的应用程序的位置

B. 删除一个快捷方式，会彻底删除与这个快捷方式相对应的应用程序

C. 删除一个快捷方式，只是删除了图标

D. 删除了快捷方式，对应的应用程序仍然可以运行

11. 在 Windows 中选中某文件后，通过______操作可以实现文件删除。

A. 按 Del 键

B. 在菜单功能区中选择“删除”命令

C. 右键单击该文件，在弹出的快捷菜单中选择“删除”命令

D. 双击该文件

单元三

Word 2016文字处理

实验一　编辑文档

一、实验目的

(1)掌握 Word 2016 文档的创建、编辑与保存的操作。

(2)掌握 Word 2016 文档字符格式化的操作。

(3)掌握 Word 2016 文档段落格式化的操作。

(4)熟悉“字体”“段落”选项卡的使用。

二、实验任务

录入一篇文档,并对字符段落进行格式化的操作。

三、实验内容与步骤

【例文,仅供参考】

高速缓存存储器的功能和原理

高速缓存存储器是一种高速小容量的存储器，比主存储器快得多，完全可以跟上 CPU 的速度，由静态存储器芯片组成，位于 CPU 和主存储器之间。

CPU 与高速缓存存储器之间的数据交换是以字为单位，而高速缓存存储器与主存之间的数据交换是以块为单位，一个块由若干定长字组成的。当 CPU 读取主存中一个字时，便发出此字的内存地址到高速缓存存储器和主存。此时高速缓存存储器控制逻辑依据地址判断此字当前是否在高速缓存存储器中：若是，此字立即传送给 CPU；若非，则用主存读周期把此字从主存读出送到 CPU，与此同时，把含有这个字的整个数据块从主存读出送到高速缓存存储器中。

高速缓存存储器的容量很小，它保存的内容只是主存内容的一个子集，且高速缓存存储器与主存的数据交换是以块为单位。地址映射就是应用某种方法把主存地址定位到高速缓存存储器中。

1. 新建文档

新建一个文档，将其命名为“Cache 的功能和原理. docx”，并保存在桌面上。

操作步骤：

(1)在桌面空白处右击鼠标，弹出快捷菜单。

(2)在弹出的快捷菜单中选择【新建】|【Microsoft Word 文档】，此时会在桌面上新建一个 Word 文档。

(3)将文档名修改为“Cache 的功能和原理. docx”。

(4)打开文档，输入相应的文字内容。

2. 输入标题

在文档首行输入标题“Cache 的功能和原理”，设置标题文字为黑体、三号、居中，设置字符间距为加宽 4 磅，并添加蓝色底纹和文字边框。

操作步骤：

(1)单击【开始】选项卡|【字体】组下的命令按钮，打开【字体】对话框，如图 3-1 所示，设置字体为黑体、字号为三号、居中、字符间距为加宽 4 磅。

(2)在【开始】选项卡|【段落】组下单击命令按钮下拉框中的【边框和底纹】命令，打开【边框和底纹】对话框，设置字符底纹和文字边框，如图 3-2 所示。

说明：注意相应操作应用于“文字”。

图 3-1　【字体】对话框

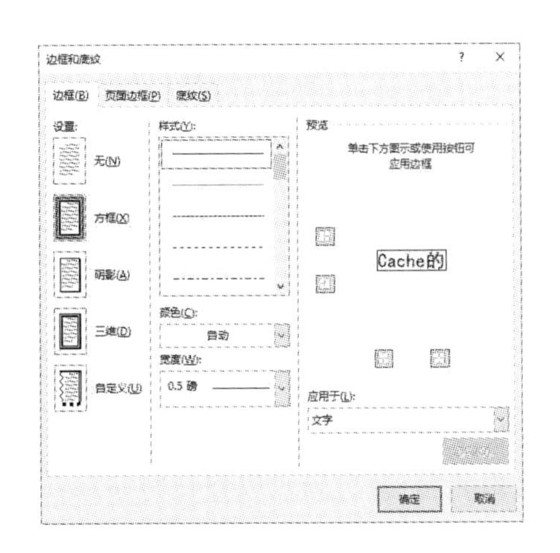

图 3-2　【边框和底纹】对话框

3. 输入正文

输入如下文字内容，字体和段落格式为 Word 模板默认格式。

Cache是一种高速小容量的存储器,比主存储器快得多,完全可以跟上CPU的速度,由静态存储器芯片组成,位于CPU和主存储器之间。

CPU与Cache之间的数据交换以字为单位,而Cache与主存之间的数据交换以块为单位,一个块是由若干定长字组成的。当CPU读取主存中的一个字时,便发送此字的内存地址到Cache和主存。此时Cache控制逻辑依据地址判断此字当前是否在Cache中:若是,则此字立即传送给CPU;若非,则用主存读周期把此字从主存读出送到CPU,与此同时,把含有这个字的整个数据块从主存读出送到Cache中。

Cache的容量很小,它保存的内容只是主存内容的一个子集,且Cache与主存的数据交换是以块为单位的。地址映射表示应用某种方法把主存地址定位到Cache中。

4. 替换文字

将文档中的"Cache"全部替换为"高速缓存存储器"。

操作步骤:

(1)单击【开始】选项卡|【编辑】组下的【替换】命令按钮,打开【查找和替换】对话框。

(2)在【替换】选项卡中分别填写查找内容"Cache"和替换内容"高速缓存存储器",单击【全部替换】按钮完成替换,如图3-3所示。

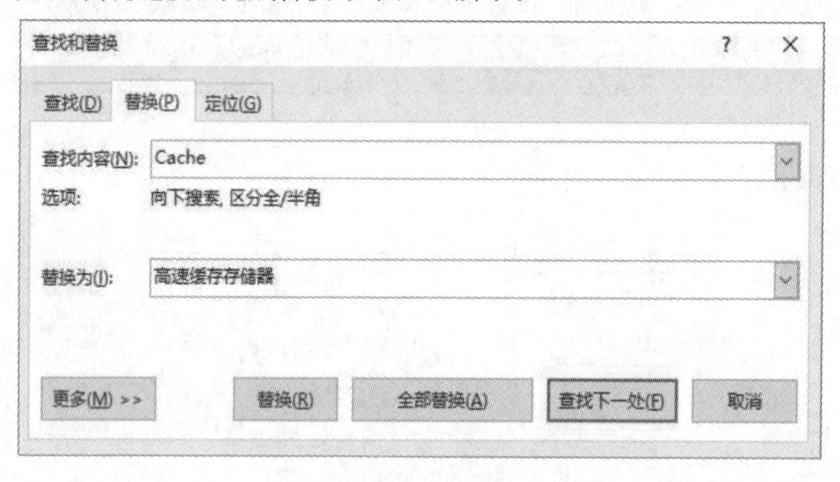

图3-3 【查找和替换】对话框

5. 设置首字下沉

将正文第一段"高速缓存存储器是一种……"文字设置为宋体、四号,首字下沉2行,首字下沉字体为隶书,距正文0.5厘米。步骤如下。

(1)单击【插入】选项卡|【文本】组|【首字下沉】命令按钮下拉框中的【首字下沉选项】命令,打开【首字下沉】对话框。

(2)设置位置、字体、下沉行数、距正文等选项,如图3-4所示。

6. 设置段落格式 1

将正文第二段“CPU 与……”文字加粗，首行缩进“2 字符”，行距为“1.5 倍行距”，分为两栏，有分隔线。步骤如下。

（1）单击【开始】选项卡|【段落】组下的命令按钮，打开【段落】对话框，如图 3-5 所示，设置首行缩进、行距。

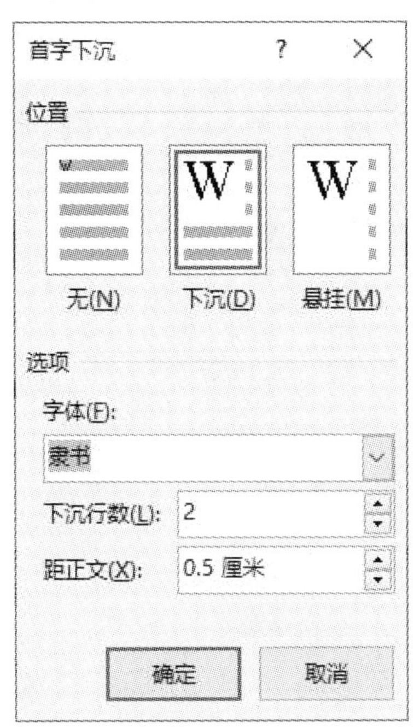

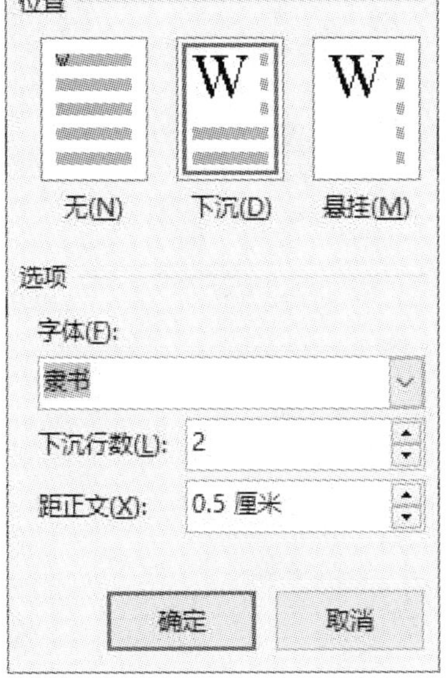

图 3-4　【首字下沉】对话框

图 3-5　【段落】对话框

（2）选中正文第二段，单击【布局】选项卡|【页面设置】组|【分栏】命令按钮下拉框中的【更多分栏】命令，打开【分栏】对话框，设置分为两栏、有分隔线，如图 3-6 所示。

7. 设置段落格式 2

将正文第三段“高速缓存存储器的容量……”文字设置为宋体、五号、1.5 倍行距，设置段间距为段前 2 行、段后 1 行，为段落添加红色双线边框。步骤如下。

（1）行距、段间距在【段落】对话框中设置，如图 3-5 所示。

（2）段落边框在【边框和底纹】对话框中设置，如图 3-2 所示。

说明：注意相应操作应用于“段落”。

8. 页面设置

将页面设置为：上页边距 3 厘米、下页边距 2 厘米、A4 纸。步骤如下。

（1）单击【布局】选项卡|【页面设置】组下的命令按钮，打开【页面设置】对话框，如图 3-7 所示。

（2）在对话框中设置页边距、纸张大小。

说明：注意相应操作应用于“整篇文档”。在实验中，设置单位可能是厘米，可能是磅，单击【文件】选项卡|【选项】命令，打开【Word 选项】对话框，在【高级】选项卡下的“度量单位”中进行修改。

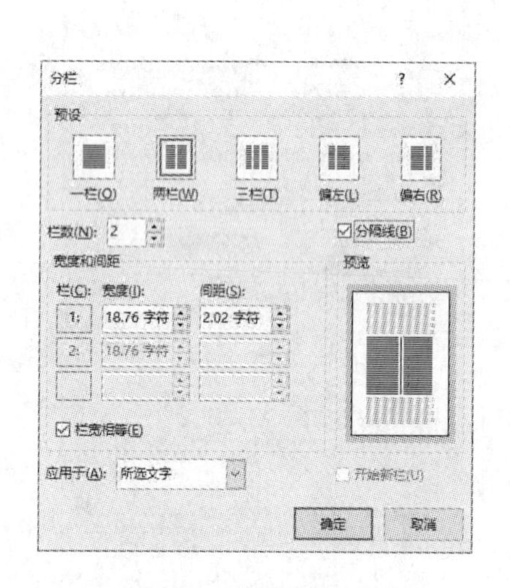

图 3-6 【分栏】对话框

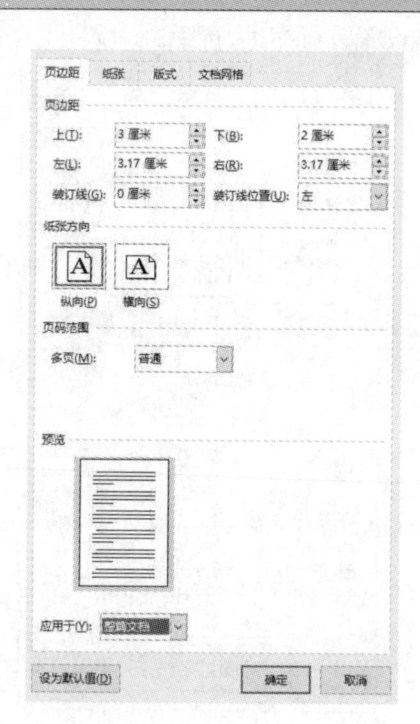

图 3-7 【页面设置】对话框

9. 添加页眉

添加页眉“计算机组成原理”，右对齐。步骤如下。

（1）单击选择【插入】选项卡|【页眉和页脚】组|【页眉】命令按钮下拉框中的一种页眉风格。

（2）也可以在页眉处直接双击编辑页眉，输入“计算机组成原理”，如图 3-8 所示。

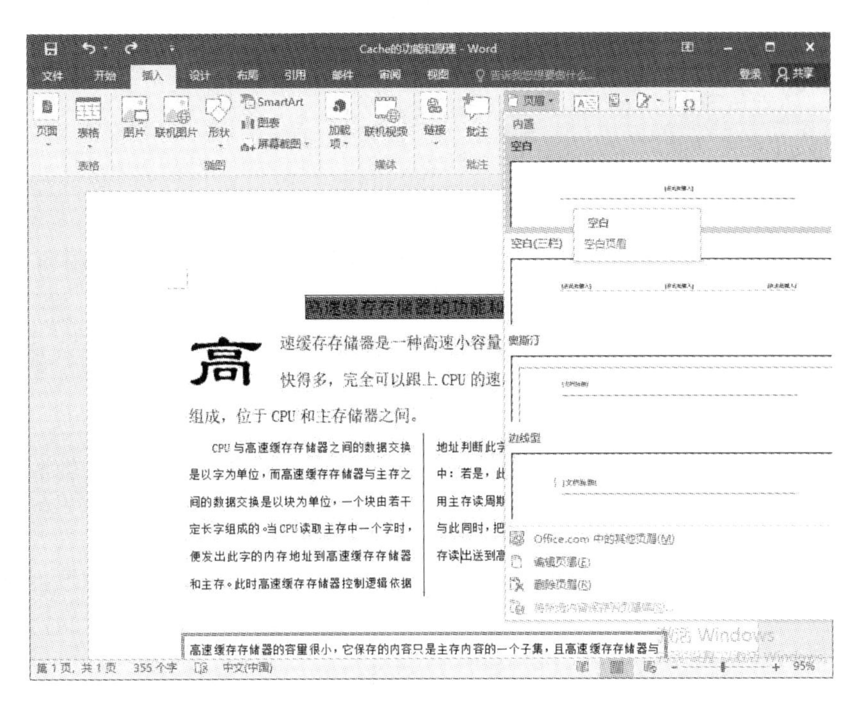

图 3-8 插入页眉

10. 插入页码

插入页码，位置在页面底端，对齐方式为右侧，步骤为：

单击选择【插入】选项卡|【页眉和页脚】组|【页码】命令按钮下拉框中的页码位置以及相应位置的页码对齐方式，插入页码并设置页码格式，如图 3-9 所示。

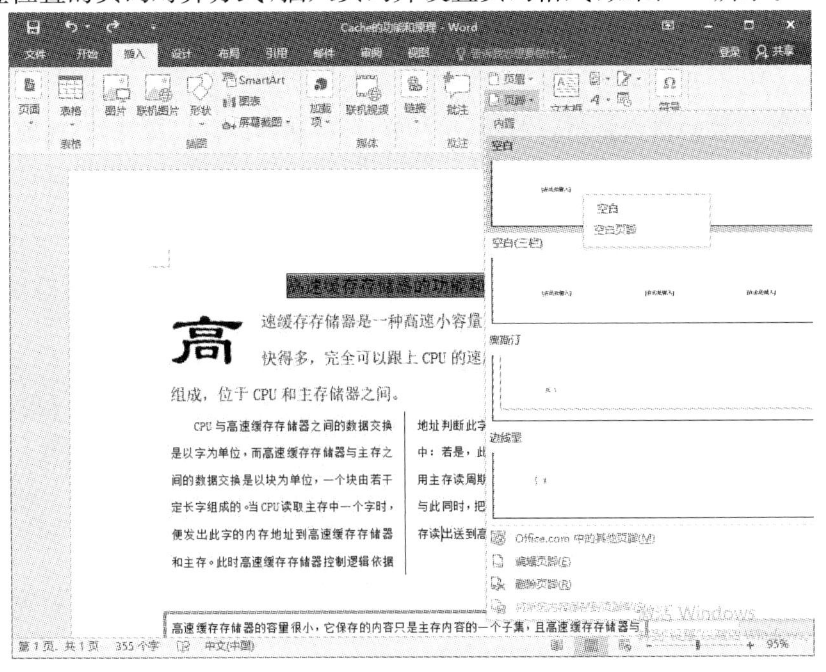

图 3-9 插入页码

四、进一步提高

1. 文档加密

操作步骤：

(1)单击选择【文件】选项卡|【信息】组|【保护文档】下拉框中的【用密码进行加密】命令，打开【加密文档】对话框，如图 3-10 所示。

(2)输入密码后单击【确定】按钮，打开【确认密码】对话框，再次输入密码，单击【确定】按钮保存后完成加密，如图 3-11 所示。

说明：密码可以是数字、符号、字母，字母区分大小写。

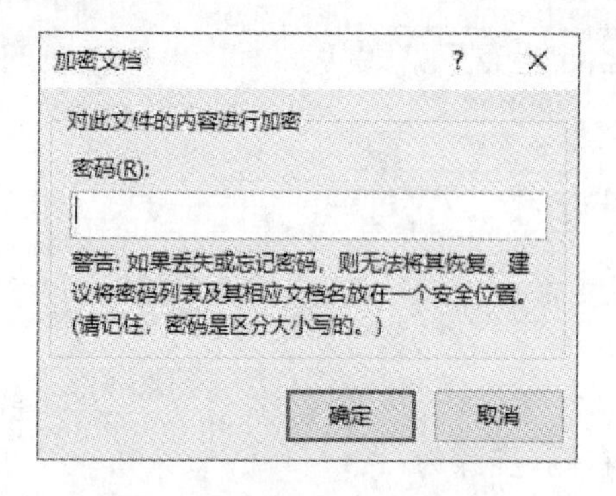

图 3-10 【加密文档】对话框

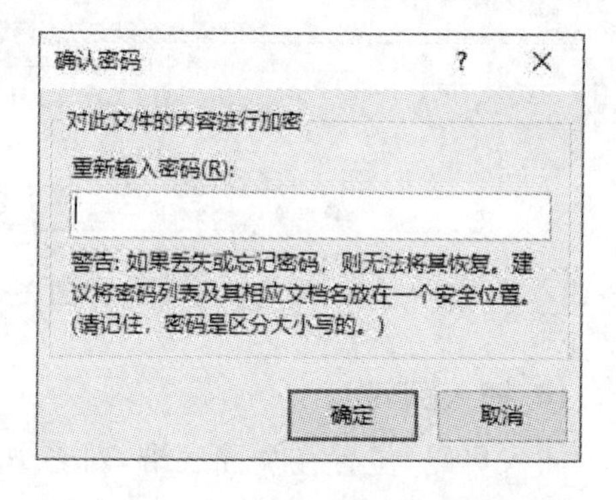

图 3-11 【确认密码】对话框

2. 格式刷的使用

操作步骤：

(1)格式刷如图 3-12 所示。

(2)若想把 A 的格式复制到 B 上，可先选中 A 部分，再单击【开始】选项卡|【剪贴板】组下的【格式刷】按钮，此时光标变成“小刷子”的形状。

(3)“刷”向 B 部分即可。

说明：在对字符、段落进行格式化操作时，使用格式刷可减少大量重复的操作。

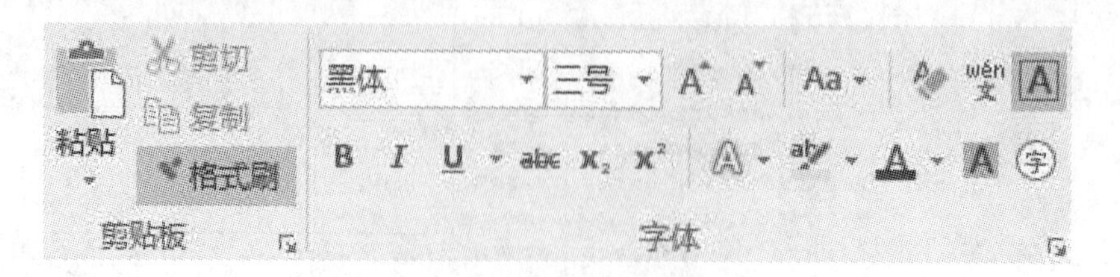

图 3-12 【格式刷】按钮

实验二　编辑表格

一、实验目的

(1)掌握在 Word 2016 中建立表格、编辑表格、格式化表格的操作。

(2)掌握在 Word 2016 中利用公式和函数对表格数据进行简单计算的方法。

(3)了解在 Word 2016 中对表格数据进行排序、重复标题行等操作的方法。

二、实验任务

建立一个表格,进行格式化表格和公式计算的操作。

三、实验内容与步骤

【例表,仅供参考】

22 电气 2 班学生成绩表

学号	姓名	高数	英语	电工仪表	传感器	总分
01	邢应涵	80	95	80	75	330
02	崔梦	78	90	65	80	313
03	芮定泽	75	86	60	75	296
04	周天宇	90	85	83	75	333
05	吴子睿	65	80	70	70	285
06	周朵	55	65	72	60	252
07	丁子辉	85	90	75	80	330
08	胡菁菁	85	80	78	76	319
09	李子强	78	56	60	70	264
10	叶启航	75	80	85	80	320
平均分		76.60	80.70	72.80	74.10	

(1)新建一个文档,将其命名为“22 电气 2 班学生成绩表.docx”,保存在桌面上。

(2)打开该文档,输入标题文字“22 电气 2 班学生成绩表”,设置标题文字为隶书、小一号字、加粗、居中对齐。

(3)插入一个 12 行 7 列的表格。

操作步骤:

①单击选择【插入】选项卡|【表格】组|【表格】命令按钮下拉框中的【插入表格】命令,打开【插入表格】对话框,如图 3-13 所示。

②在对话框中按要求设置行数和列数。

(4)设置表格外边框为双实线,内边框为单实线,宽度均为 0.5 磅,单元格底纹为

“水绿色，个性色 5，淡色 80%”。

操作步骤：

①选中表格后，在【表格工具】面板|【设计】选项卡|【边框】组|【边框】命令下拉框中单击【边框和底纹】命令，打开【边框和底纹】对话框，设置边框和底纹。注意，设置边框可以在【边框和底纹】对话框预览窗格中手工设置，【边框和底纹】对话框如图 3-14 所示。

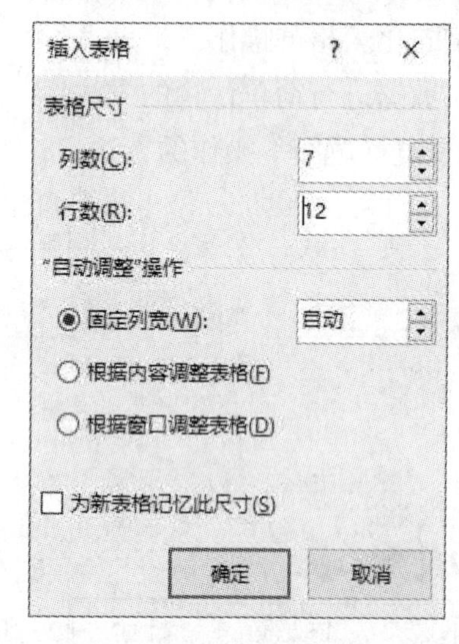

图 3-13 【插入表格】对话框

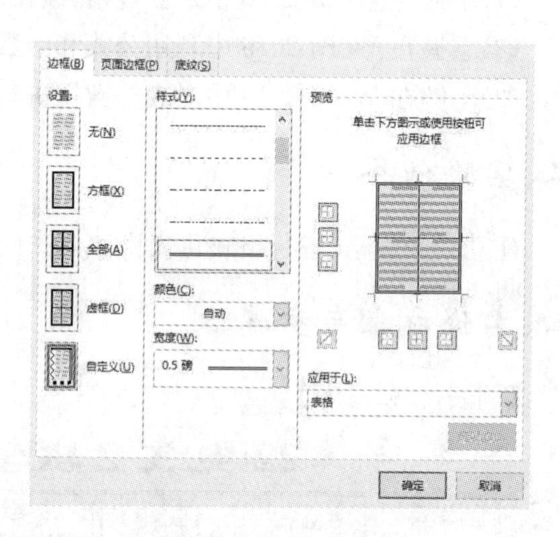

图 3-14 【边框和底纹】对话框

②也可以套用格式，选中表格或将光标定位在表格中，在【表格工具】面板|【设计】选项卡|【表格样式】组选择需要的样式。【设计】选项卡如图 3-15 所示。

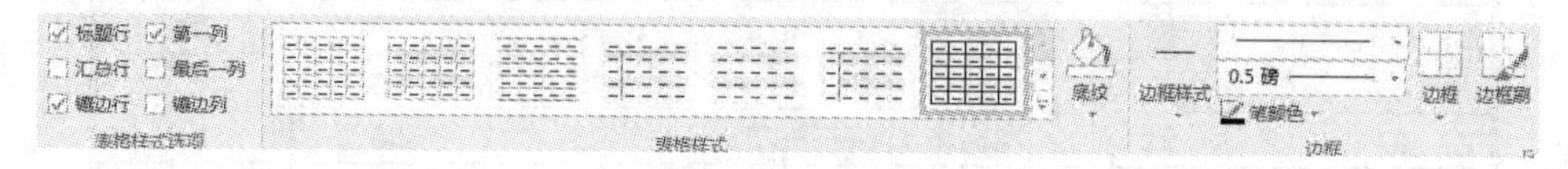

图 3-15 【设计】选项卡

(5)将第一行行高设置为 0.7 厘米，将其他行行高设置为 0.5 厘米，将列宽均设置为2.2厘米。

操作步骤：

①选中表格或将光标定位在表格中，在【表格工具】面板|【布局】选项卡|【单元格大小】组中可以调整行高和列宽。

②根据要求可以选中整个表格、多行多列、一行一列进行调整，【布局】选项卡如图 3-16 所示。

图 3-16 【布局】选项卡

(6)将单元格 A12、B12 合并。步骤为：

在【表格工具】面板|【布局】选项卡|【合并】组中可以合并选中的单元格，也可以对选中的单元格按要求进行拆分。

(7)设置所有单元格对齐方式为水平居中。步骤为：

选中表格后，在【表格工具】面板|【布局】选项卡|【对齐方式】组中完成操作。

(8)根据例表在新建的表格内输入学号、姓名和各科成绩，总分和平均分数据不输入，设置第一行文本为宋体、小四号，设置其他行文本为宋体、五号字。

(9)使用公式计算学生成绩总分、各科成绩平均分(保留两位小数)。

操作步骤：

①将光标定位于G2单元格，在【表格工具】面板|【布局】选项卡|【数据】组中单击【公式】命令按钮，打开【公式】对话框，完成总分的计算，注意函数的选取和公式的格式，如图3-17所示。

②将G2单元格计算公式复制到G3～G11单元格，在右键菜单中单击【更新域】命令后重新计算总分，如图3-18所示。各科成绩平均分公式计算方法类似，注意函数的选择。

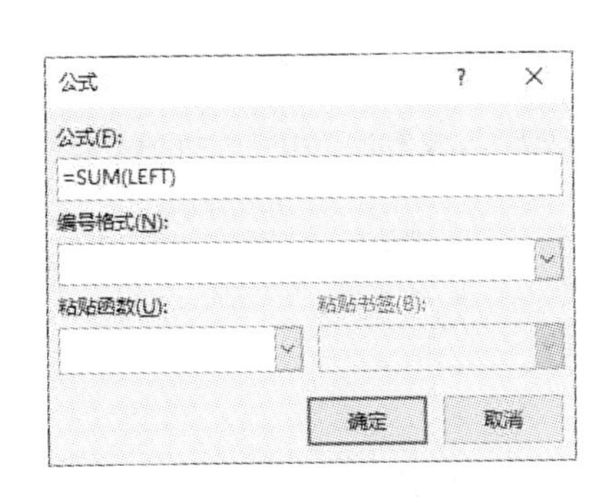

图 3-17　【公式】对话框

22电气2班学生成绩表

学号	姓名	高数	英语	电工仪表	传感器	总
01	邢应涵	80	95	80	75	33
02	崔梦	78	90	65	80	31
03	芮定泽	75	86	60	75	29
04	周天宇	90	85	83	75	33
05	吴子睿	65	80	70	70	28
06	周朵	55	65	72	60	25
07	丁子辉	85	90	75	80	33
08	胡菁菁	85	80	78	76	31
09	李子强	78	56	60	70	26
10	叶启航	75	80	85	80	32
平均分		76.60	80.70	72.80	74.10	

图 3-18　【更新域】命令操作

四、进一步提高

1. 对表格数据排序

操作步骤：

(1)选中表格或将光标定位在表格中，在【表格工具】面板|【布局】选项卡|【数据】组中单击【排序】命令按钮，打开【排序】对话框，如图3-19所示。

(2)对于学生成绩表，可以按照字段进行排序。如图3-20所示为按总分降序排序。

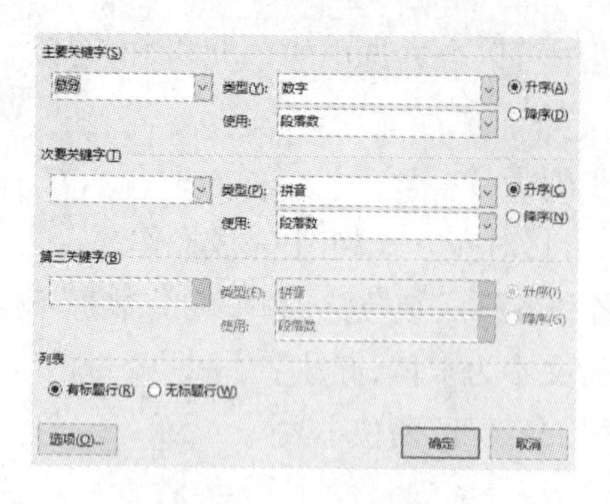

图 3-19 【排序】对话框

22 电气 2 班学生成绩表

学号	姓名	高数	英语	电工仪表	传感器	总分
04	周天宇	90	85	83	75	333
01	邢应涵	80	95	80	75	330
07	丁子辉	85	90	75	80	330
10	叶启航	75	80	85	80	320
08	胡菁菁	85	80	78	76	319
02	崔梦	78	90	65	80	313
03	芮定泽	75	86	60	75	296
05	吴子睿	65	80	70	70	285
09	李子强	78	56	60	70	264
06	周朵	55	65	72	60	252
平均分		76.60	80.70	72.80	74.10	

图 3-20 按总分降序排序

2. 在每页重复标题行

当表格跨页时，设置该项可在每一页重复标题行。选中标题行或将光标定位在标题行中，在【表格工具】面板|【布局】选项卡|【数据】组中单击【重复标题行】命令按钮，该标题行即被设置为重复标题行。

3. 将表格转换成文本

操作步骤：

(1)在很多时候，需要把表格转换成文本。选中表格或将光标定位在表格中，在【表格工具】面板|【布局】选项卡|【数据】组中单击【转换为文本】命令按钮，打开【表格转换成文本】对话框，如图 3-21 所示。

(2)选择合适的分隔符，单击【确定】按钮完成转换。学生成绩表转换成文本如图 3-22 所示。

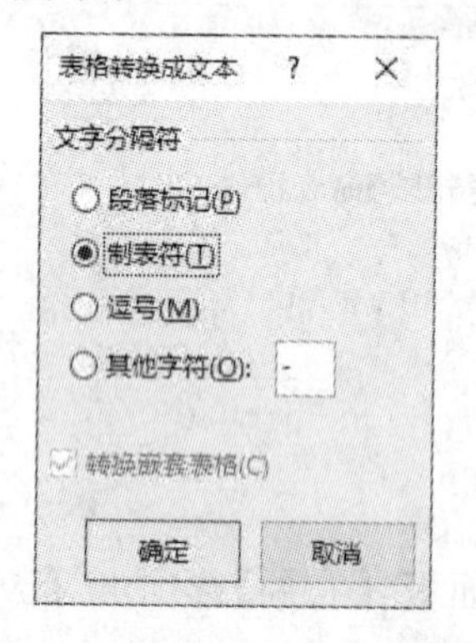

图 3-21 【表格转换成文本】对话框

22 电气 2 班学生成绩表

学号	姓名	高数	英语	电工仪表	传感器	总分
04	周天宇	90	85	83	75	333
01	邢应涵	80	95	80	75	330
07	丁子辉	85	90	75	80	330
10	叶启航	75	80	85	80	320
08	胡菁菁	85	80	78	76	319
02	崔梦	78	90	65	80	313
03	芮定泽	75	86	60	75	296
05	吴子睿	65	80	70	70	285
09	李子强	78	56	60	70	264
06	周朵	55	65	72	60	252
平均分		76.60	80.70	72.80	74.10	

图 3-22 转换后的文本

实验三　长文档的编辑

一、实验目的

(1)熟悉 Word 2016 长文档导航窗格的使用。

(2)熟悉 Word 2016 长文档样式窗格的使用。

(3)熟悉在 Word 2016 长文档中设置页眉和页脚、自动生成目录的操作。

(4)熟悉在 Word 2016 长文档中插入分隔符的操作。

二、实验任务

准备一个长文档，对其进行编辑。

三、实验内容与步骤

【例文，仅供参考】

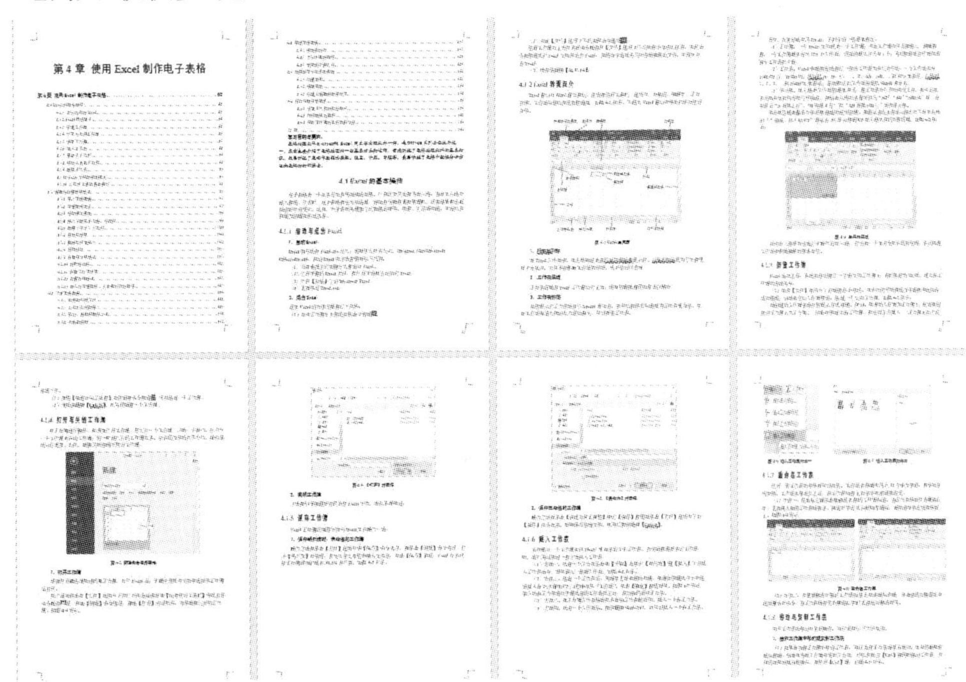

第4章 使用 Excel 制作电子表格

1. 编辑前准备

操作步骤：

(1)在【视图】选项卡|【显示】组中选中【导航窗格】复选框，显示导航窗格，如图3-23所示。

(2)在【开始】选项卡|【样式】组中单击命令按钮 ，打开【样式】窗格，清除原文档

中的所有格式，如图 3-24 所示。

(3)单击【样式】窗格中的【选项】命令，打开【样式窗格选项】对话框，在【选择要显示的样式】下拉框中选择“所有样式”，如图 3-25 所示。

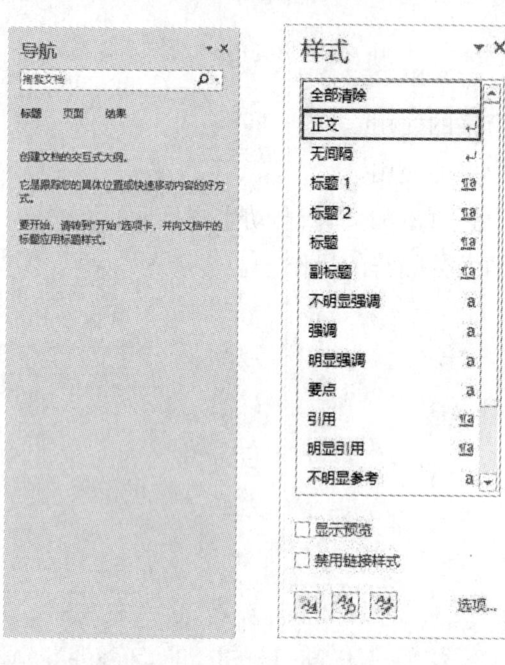

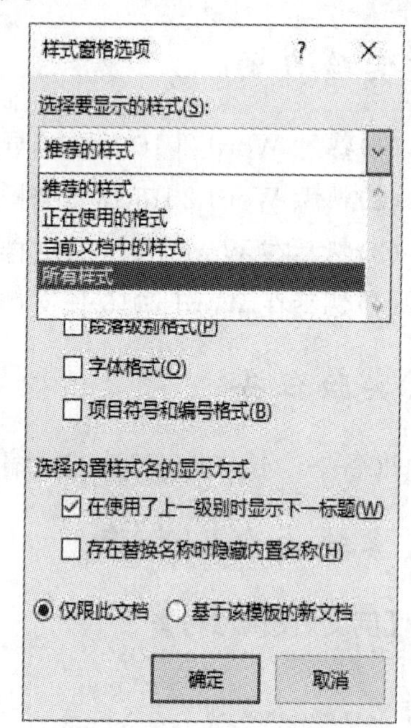

图 3-23 【导航】窗格　　图 3-24 【样式】窗格　　图 3-25 【样式窗格选项】对话框

2. 页面设置

设置页面左页边距为 3.5 厘米，右页边距为 2.8 厘米，页码范围为多页对称页边距，页眉和页脚奇偶页不同、首页不同。

操作步骤：

(1)单击【布局】选项卡|【页面设置】组的命令按钮，打开【页面设置】对话框。

(2)在【页边距】选项卡中设置页边距和页码范围，如图 3-26 所示。在【版式】选项卡中完成对页眉和页脚的设置，如 3-27 所示。

图 3-26　【页边距】选项卡

图 3-27　【版式】选项卡

3. 设置页眉和页脚

奇数页页眉与页脚右对齐，编辑奇数页页眉名称，在页脚处插入页码，偶数页页眉与页脚左对齐，其余操作相同，奇数页、偶数页页眉可以不同。

操作步骤：

单击【插入】选项卡|【页眉和页脚】组|【页眉】下拉框中的【编辑页眉】命令，编辑页眉，并设置页眉对齐方式，设置页脚的方法类似，如图 3-28 所示。

图 3-28　设置页眉和页脚

4. 设置标题格式

设置一级标题为二号字、黑体、居中，段间距上下各一行；设置二级标题为小四号字、黑体，首行缩进两个字符；设置三级标题为小四号字、宋体，首行缩进两个字符。

操作步骤：

（1）将光标定位在一级标题所在段落，在【样式】窗格中单击“标题 1”右侧下拉框中的【修改】命令，打开【修改样式】对话框，完成字体设置，如图 3-29 所示。

（2）单击【修改样式】对话框|【格式】下拉框中的【段落】命令，打开【段落】对话框，完成段落设置，如图 3-30 所示。二级标题、三级标题设置方法类似。

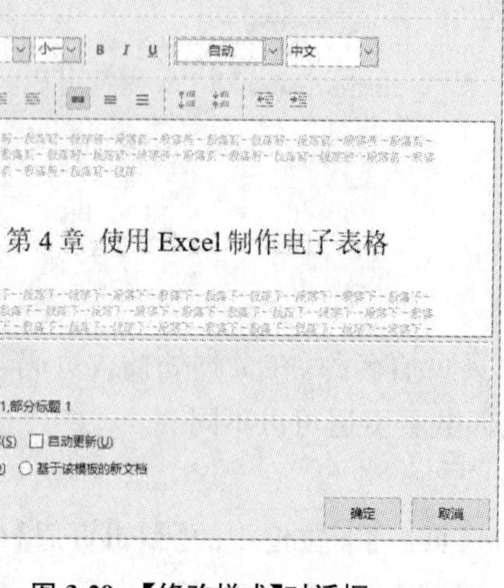

图 3-29 【修改样式】对话框

图 3-30 【段落】对话框

5. 设置正文样式

设置中文为五号字、宋体，英文为五号字、Times New Roman 字体，各段行首缩进两个字符。

6. 设置表格样式

将表的序号和表的名称写在表格上方，居中，在表的序号和表的名称间加一个空格，设置表的序号和表的名称为五号字、黑体，设置表格内中文为五号字、宋体，英文为五号字、Times New Roman 字体。

7. 设置图例样式

将图的序号和图的名称写在图的下方，居中，在图的序号和图的名称间加一个空格，设置图的序号和图的名称为五号字、黑体。

8. 给文档添加三级目录

操作步骤：

(1)将光标定位在目录所在位置后，单击【引用】选项卡|【目录】组|【目录】下拉框中的【自定义目录】命令，打开【目录】对话框，如图 3-31 所示。

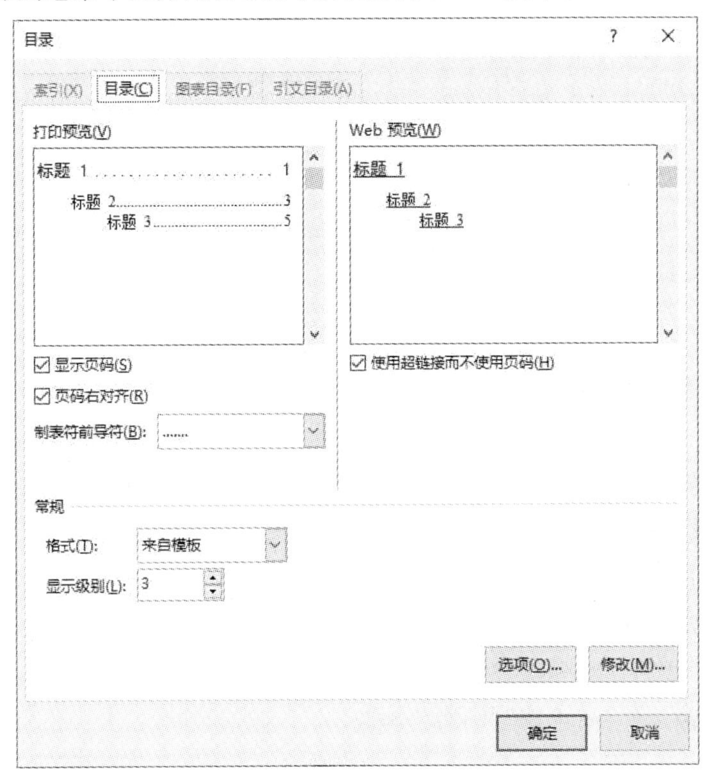

图 3-31　【目录】对话框

(2)在对话框中完成添加目录的操作。

说明：自动生成目录不仅节约了大量时间，还可以通过更新域自动更新。

四、进一步提高

1. 给文档插入分隔符

将光标定位于目录后新节的段首位置，单击【布局】选项卡|【页面设置】组|【分隔符】下拉框|【分节符】|【下一页】命令，插入分节符，在下一页开始新节，如图 3-32 所示。

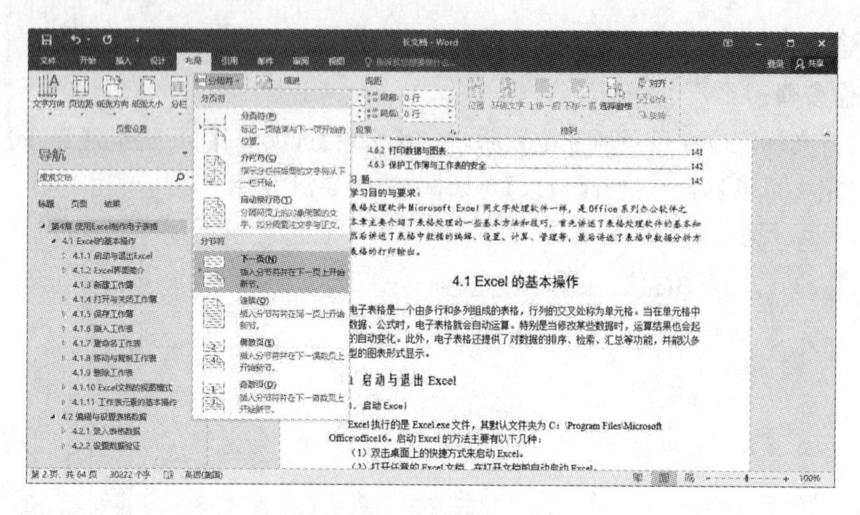

图 3-32 插入分节符操作

2. 给文档每个章节标题自动编号

操作步骤：

(1)选择需要自动编号的章节标题，如“标题 1”，在【样式】窗格中单击“标题 1”右侧下拉框中的【修改】命令，打开【修改样式】对话框，单击【修改样式】对话框|【格式】下拉框中的【编号】命令，打开【编号和项目符号】对话框，如图 3-33 所示。

(2)单击【定义新编号格式】命令，打开【定义新编号格式】对话框，如图 3-34 所示，确定编号样式后在编号格式“1”的前后添加“第”和“章”，确定后即完成自动编号。若原章节处已输入如“第 1 章”，则需要删除。

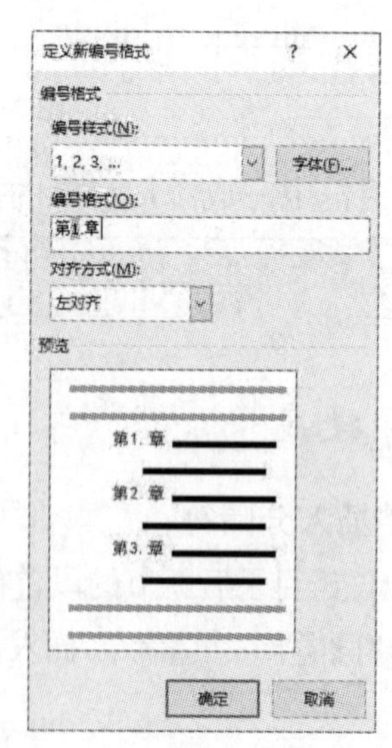

图 3-33 【编号和项目符号】对话框

图 3-34 【定义新编号格式】对话框

3. 给文档插入脚注和尾注

操作步骤：

(1)将光标定位于需要插入脚注的地方，单击【引用】选项卡|【脚注】组下的命令按钮，打开【脚注和尾注】对话框，如图 3-35 所示。

(2)单击【插入】命令按钮后编辑脚注，如图 3-36 所示。插入尾注的方法类似，脚注一般在页面底端，尾注一般在文档结尾处。

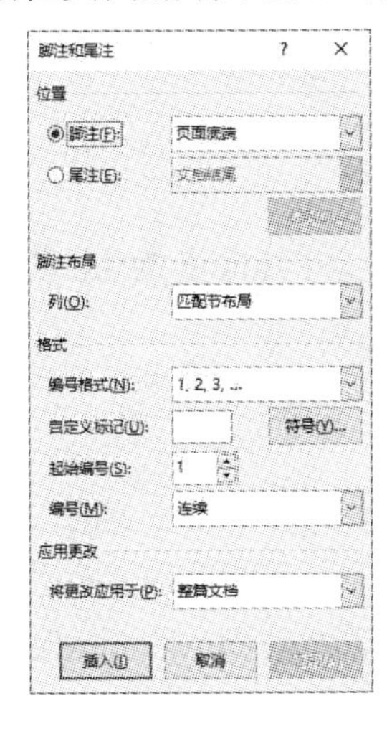

图 3-35　【脚注和尾注】对话框

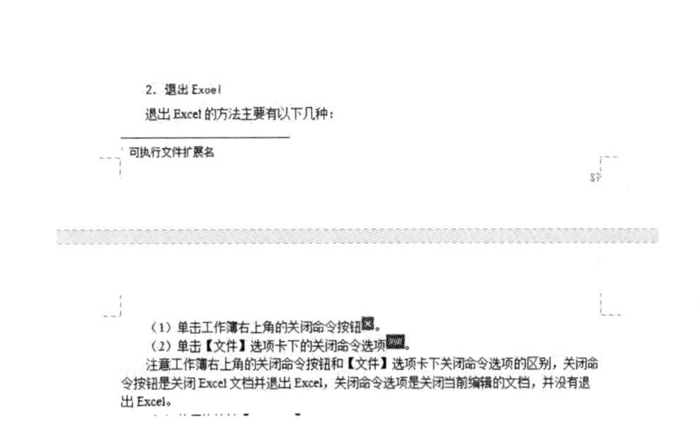

2. 退出 Excel

退出 Excel 的方法主要有以下几种：

可执行文件扩展名

(1) 单击工作簿右上角的关闭命令按钮。

(2) 单击【文件】选项卡下的关闭命令选项。

注意工作簿右上角的关闭命令按钮和【文件】选项卡下关闭命令选项的区别，关闭命令按钮是关闭 Excel 文档并退出 Excel，关闭命令选项是关闭当前编辑的文档，并没有退出 Excel。

图 3-36　编辑脚注

实验四　邮件合并及打印

一、实验目的

(1)了解 Word 2016 邮件合并的含义。

(2)熟悉 Word 2016 邮件合并操作的适用范围。

(3)掌握 Word 2016 邮件合并操作的步骤和过程。

二、实验任务

文档的邮件合并。

三、实验内容与步骤

【例文，仅供参考】

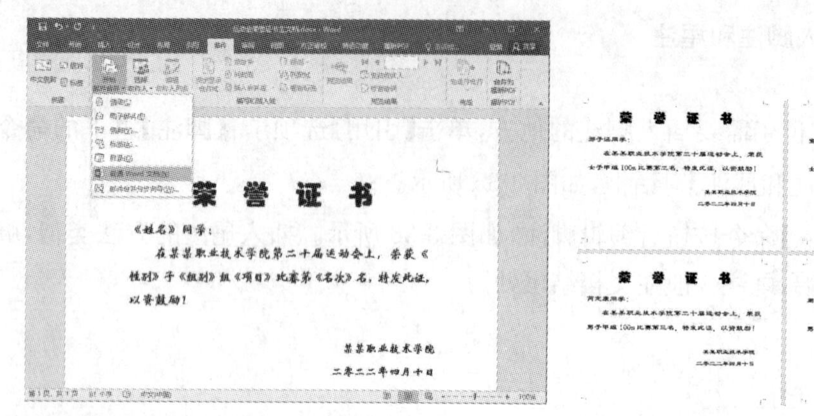

1. 新建文档

新建一个文档，按例文内容输入文字（合并域不输入），将其命名为“运动会荣誉证书主文档. docx”，保存在桌面上。

2. 建立数据源

操作步骤：

（1）在新建的 Word 文档或 Excel 表格中建立表格（本例为 Word 文档），包含姓名、性别、组别、项目、名次五列。

（2）录入运动会学生获奖信息，命名为“运动会荣誉证书数据. docx”，保存在桌面上。

3. 将数据源合并到主文档

操作步骤：

（1）单击【邮件】选项卡|【开始邮件合并】组|【开始邮件合并】下拉框中的【普通 Word 文档】命令，如图 3-37 所示。

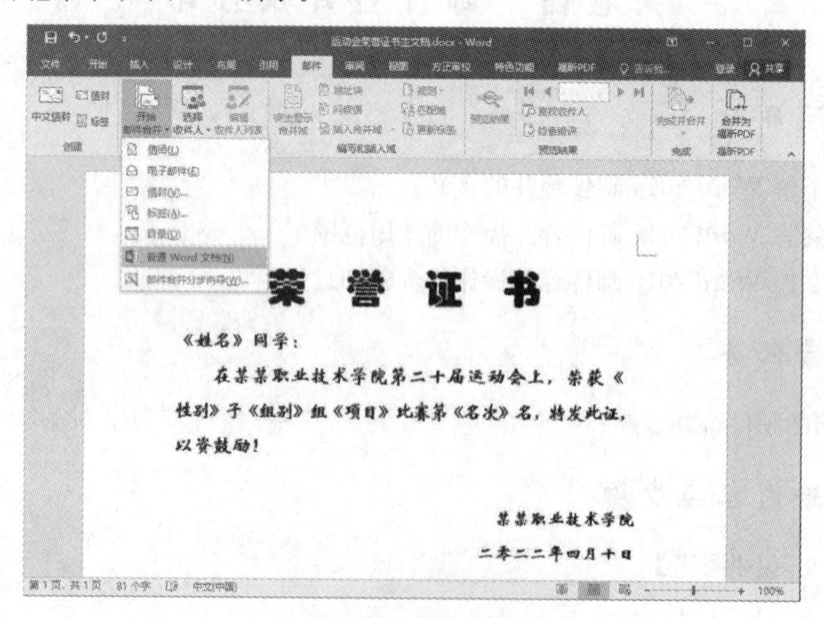

图 3-37　开始邮件合并操作

(2)单击【邮件】选项卡|【开始邮件合并】组|【选择收件人】下拉框中的【使用现有列表】命令按钮,打开【选取数据源】对话框,如图 3-38 所示,打开"运动会荣誉证书数据. docx"。

图 3-38 【选取数据源】对话框

(3)在"运动会荣誉证书主文档. docx"相应位置插入【邮件】选项卡|【编写和插入域】组|【插入合并域】下拉框中的五个字段,插入合并域。

4. 合并到新文档

操作步骤:

(1)单击【邮件】选项卡|【完成】组|【完成并合并】下拉框中的【编辑单个文档】命令,打开【合并到新文档】对话框,如图 3-39 所示。

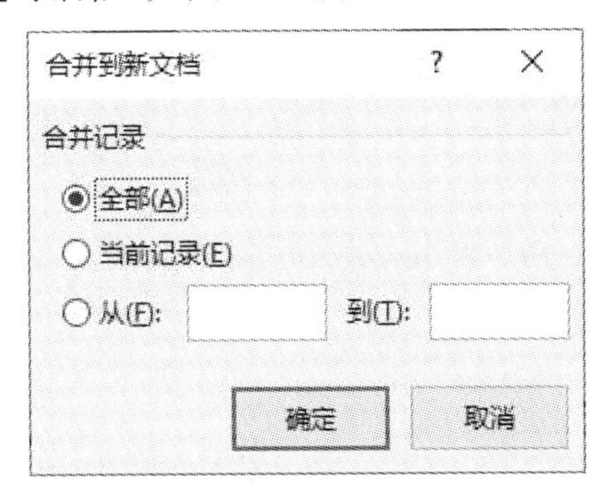

图 3-39 【合并到新文档】对话框

(2)在对话框中可选择合并全部或部分文档,完成主文档、数据源合并到新文档。

5. 打印文档

查看新文档无误后，打印新文档，并注意保存。

四、进一步提高

有时候会遇到想要转发的信息分散在几个邮件中的情况，此时最好能将分散的电子邮件合并处理。这就用到了电子邮件的合并。操作步骤如下。

(1)正确设置 Microsoft Office Outlook 2016 程序。

说明：对于电子邮件合并，Word 调用的是 Microsoft Office Outlook 2016 程序。

(2)建立主文档，设置主文档类型。新建一个文档，单击【邮件】选项卡|【开始邮件合并】组|【开始邮件合并】下拉框中的【电子邮件】命令，设置主文档类型，录入内容，将其命名为“电子邮件主文档. docx”，保存在桌面上。建立数据源和将数据源合并到主文档的步骤与前面一致，不再一一叙述。

(3)合并到新文档。单击【邮件】选项卡|【完成】组|【完成并合并】下拉框中的【发送电子邮件】命令，打开【合并到电子邮件】对话框，如图 3-40 所示，设置好后单击【确定】命令按钮完成合并，Microsoft Office Outlook 2016 程序会自动打开，一封一封地发送邮件。

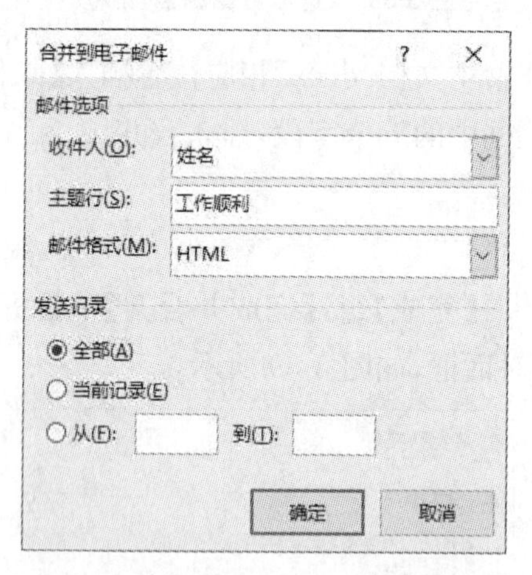

图 3-40 【合并到电子邮件】对话框

习 题 三

单项选择题

1. 在 Word 中如果要用某段文字的字符格式去设置另一段文字的字符格式，而不是复制其文字内容，可使用常用工具栏中的______按钮。

   A. 格式选定　　B. 格式刷　　C. 格式工具框　　D. 复制

2. 在 Word 文档中，每一个段落都有一个段落标记，段落标记的位置在______。

   A. 段首　　B. 段尾　　C. 段中　　D. 每行末尾

3. 当用拼音法来输入汉字时，经常要用“翻页”从多个同音字中选择所需的文字，“翻页”用到的两个键分别为______。

   A. “＜”和“＞”　　B. “—”和“＋”　　C. “[”和“]”　　D. “Home”和“End”

4. 在 Word 中，要实现插入状态和改写状态的切换，可以使用鼠标______状态栏上的“改写”或“插入”。

   A. 单击　　B. 双击　　C. 右击　　D. 拖动

5. 在 Word 中，下列关于查找、替换功能的叙述，正确的是______。

   A. 不可以指定查找文字的格式，但可以指定替换文字的格式
   B. 不可以指定查找文字的格式，也不可以指定替换文字的格式
   C. 可以指定查找文字的格式，但不可以指定替换文字的格式
   D. 可以指定查找文字的格式，也可以指定替换文字的格式

6. 在 Word 的编辑状态，已经设置了标尺，可以同时显示水平标尺和垂直标尺的视图方式是______。

   A. 大纲视图　　B. 普通视图　　C. 全屏显示　　D. 页面视图

7. 在 Word 的编辑状态，选择四号字后，按新设置的字号显示的文字是______。

   A. 插入点所在段落中的文字　　B. 文档中被选择的文字
   C. 插入点所在行中的文字　　D. 文档中的全部文字

8. 在 Word 的编辑状态下，执行“文件”菜单中的“关闭”命令(非“退出”命令)的目的是______。

   A. 将正在编辑的文档丢弃
   B. 关闭当前窗口中正在编辑的文档，Word 仍然可使用
   C. 结束 Word 工作，返回到 Windows 桌面
   D. 等同于“文件”菜单中的“退出”命令

9. Word 的文档都是以模板为基础的，模板决定文档的基本结构和文档设置。在 Word 中将______模板默认设定为所有文档的共用模板。

A. Normal　　B. Web 页　　C. 电子邮件正文　　D. 信函和传真

10. 在 Word 中,要撤消最近的一个操作,除了使用菜单命令和工具栏之外,还可以使用快捷键______。

A. Ctrl+C　　B. Ctrl+Z　　C. Shift+X　　D. Ctrl+X

11. 在 Word 中,一个文档有 200 页,定位到 112 页的最快方法是______。

A. 用垂直滚动条快速移动文档定位到第 112 页

B. 用向下或向上箭头定位到第 112 页

C. 用 PgDn 或 PgUp 定位到第 112 页

D. 用“定位”命令定位到 112 页

12. 在 Word 中,选定一行文本最方便快捷的方法是______。

A. 在行首拖动鼠标至行尾　　B. 在选定行的左侧单击鼠标

C. 在选定行位置双击鼠标　　D. 在该行位置右击鼠标

13. 下列关于 Word 文档创建项目符号的叙述中,正确的是______。

A. 以段落为单位创建项目符号　　B. 以选中的文本为单位创建项目符号

C. 以节为单位创建项目符号　　D. 可以任意创建项目符号

14. 在 Word 的编辑状态,当前插入点在表格的任一个单元格内,按回车(Enter)键后,______。

A. 插入点所在的行加高　　B. 对表格不起作用

C. 在插入点下增加一表格行　　D. 插入点所在的列加宽

15. 在 Word 中,页码与页眉、页脚的关系是______。

A. 页眉、页脚就是页码

B. 页码与页眉、页脚分别设定,所以二者彼此毫无关系

C. 不设置页眉和页脚,就不能设置页码

D. 如果要求有页码,那么页码是页眉或页脚的一部分

16. 从一页中间分成两页,正确的命令是______。

A. 插入页码　　B. 插入分隔符

C. 插入自动图文集　　D. 插入图片

17. 对 Word 文档中“节”的说法,错误的是______。

A. 整个文档可以是一个节,也可以将文档分成几个节

B. 分节符由两条点线组成,点线中间有“节的结尾”4 个字

C. 分节符在 Web 视图中不看见

D. 不同节可采用不同的格式排版

18. 在 Word 中,如果想控制一个段落的第一行的起始位置缩进两个字符,则应该在“段落”对话框设置______。

A. 悬挂缩进　　B. 首行缩进　　C. 左缩进　　D. 首字下沉

19. 在 Word 中，不能对普通文字设置______效果。

A. 加粗倾斜　　B. 加下划线

C. 立体字　　D. 文字倾斜与加粗

20. Word 的文本框可用于将文本置于文档的指定位置，但文本框中不能插入______。

A. 文本内容　　B. 图形内容　　C. 声音内容　　D. 特殊符号

21. 要将在其他软件中制作的图片复制到当前 Word 文档中，下列说法中正确的是______。

A. 不能将其他软件中制作的图片复制到当前 Word 文档中

B. 可通过剪贴板将其他软件中制作的图片复制到当前 Word 文档中

C. 可以通过鼠标直接从其他软件中将图片移动到当前 Word 文档中

D. 不能通过"复制"和"粘贴"命令来传递图形

22. 在 Word 文档中，如果想精确地指定表格单元格的列宽，应______。

A. 使用鼠标拖动表格线

B. 使用鼠标拖动标尺上的"移动表格列"

C. 使用"表格"菜单中的"表格属性"对话框

D. 通过输入字符来控制

23. 在 Word 中执行粘贴操作时，粘贴的内容______。

A. 只能是文字　　B. 只能是图片

C. 只能是表格　　D. 文字、图片和表格都可以

24. 在 Word 提供的表格操作功能中，不能实现的操作是______。

A. 删除行　　B. 删除列　　C. 合并单元格　　D. 旋转单元格

25. 在 Word 中，选定文本后，______拖动鼠标到目标位置可以实现文本的复制。

A. 按 Ctrl 键同时　　B. 按 Shift 键同时

C. 按 Alt 键同时　　D. 不按任何键

26. 在 Word 中，除了可以利用菜单命令改变段落缩排方式、调整左右边界外，还可直接利用______改变段落缩排方式、调整左右边界。

A. 工具栏　　B. 格式栏　　C. 符号栏　　D. 标尺

27. 在 Word 中，可以插入数学公式，当使用公式编辑器编辑的公式需要修改时，______进行修改。

A. 双击公式对象　　B. 单击公式对象

C. 直接　　D. 不能

28. 在 Word 中，要求在打印文档时每一页上都有页码，______。

A. 已经由 Word 根据纸张大小分页时自动加上

B. 应当由用户执行“插入”菜单中的“页码”命令加以指定

C. 应当由用户执行“文件”菜单中的“页面设置”命令加以指定

D. 应当由用户在每一页的文字中自行输入

29. Word 给选定的段落、表单元格、图文框添加的背景称为______。

A. 图文框　　B. 底纹　　C. 表格　　D. 边框

30. 小王的毕业论文需要在正文前添加论文目录以便检索和阅读，最优的操作方法是______。

A. 利用 Word 提供的“手动目录”功能创建目录

B. 直接输入作为目录的标题文字和相对应的页码创建目录

C. 将文档的各级标题设置为内置标题样式，然后基于标题样式自动插入目录

D. 不使用内置标题样式，而是直接基于自定义样式创建目录

31. 在 Word 中，选择一个矩形区域内容时，应按住______键并按下鼠标左键拖动。

A. Ctrl　　B. Shift　　C. Alt　　D. Tab

32. 关于 Word 中分页符的描述，错误的是______。

A. 分页符的作用是分页

B. 按 Ctrl＋Shift＋Enter 可以插入分栏符

C. 在“草稿”文档视图下分页符以虚线显示

D. 分页符不可以删除

33. 在 Word 中，将文字转换为表格，不同单元格的内容需放入同一行时，文字间______。

A. 必须用逗号分隔开

B. 必须用空格分隔开

C. 必须用制表符分隔开

D. 可以用以上任意一种符号或其他符号分隔开

34. 在 Word 中，如果想打印文档的第 1、3、5 页内容，需要在“打印”对话框“页码范围”栏输入______。

A. 1－5　　B. 1. 3. 5　　C. 135　　D. 1，3，5

35. 使用 Word 中的矩形(椭圆)绘图工具按钮绘制正方形(圆形)时，应按______键并拖曳鼠标。

A. Tab　　B. Alt　　C. Shift　　D. Ctrl

36. 在编辑 Word 文档时，如果输入的新字符总是覆盖文档中插入点处的字符，原因是______。

A. 当前文档正处于改写的编辑方式

B. 当前文档正处于插入的编辑方式

C. 文档中没有字符被选择

D. 文档中有相同的字符

37. 在 Word 中，表格拆分指的是______。

A. 从某两行之间把原来的表格分为上下两个表格

B. 从某两列之间把原来的表格分为左右两个表格

C. 从表格的正中间把原来的表格分为两个表格，方向由用户指定

D. 在表格中由用户任意指定一个区域，将其单独存为另一个表格

38. 在 Word 中，若想用格式刷进行某一格式的一次复制多次应用，可以______。

A. 双击格式刷　　B. 右键双击格式刷

C. 单击格式刷　　D. 右键单击格式刷

单元四 Excel 2016 电子表格处理

实验一　Excel 2016 的基本操作

一、实验目的

(1)掌握创建、保存、关闭、打开 Excel 2016 工作簿文件和 Excel 工作表的方法。

(2)掌握在 Excel 2016 工作表中输入数据的方法。

(3)掌握 Excel 2016 工作表的编辑方法。

(4)掌握 Excel 2016 工作表的格式化方法。

二、实验任务

(1)创建新工作簿,对工作表进行重命名,并对该工作簿进行保护。

(2)在工作簿中输入数据,对单元格区域的数据进行数据验证。

(3)对工作表的行和列进行插入、删除、隐藏(显示)操作。

(4)对工作的行高、列宽,字体、字号、边框进行设置。

(5)对单元格区域的数据进行条件格式的设置。

三、实验内容与步骤

1. 创建工作表

在 D 盘上建立一个名称为“Excel 实训”的文件夹,在文件夹中创建一个名称为“成绩表. xlsx”的 Excel 工作簿,将“Sheet1”工作表更名为“成绩表”,给工作簿设置密码“123”,为了验证密码保护效果,关闭该工作簿后再打开。

操作步骤:

(1)在 D 盘上建立一个名称为“Excel 实训”的文件夹。

(2)启动 Excel 2016,建立一个空工作簿,单击"快速访问工具栏"的"保存"按钮 ,在"另存为"中选择"浏览",弹出"另存为"对话框,在"保存位置"下拉列表框中选择 D 盘中的"Excel 实训"列表项,在"文件名"文本框中键入"成绩表",单击"保存"按钮,Excel 2016 会自动给工作簿添加扩展名. xlsx 并存盘。

(3)用鼠标双击"Sheet1"工作表标签,输入"成绩表",按回车键,即完成工作表重命名,新的工作表名将出现在标签上。

说明:给工作表标签重命名,可以右击"Sheet1"工作表标签,选择重命名快捷菜单,输入"成绩表"。

(4)在"文件"选项卡中选择"另存为"命令,在弹出的"另存为"对话框中单击"工具"下拉框中的"常规选项",如图 4-1 所示。

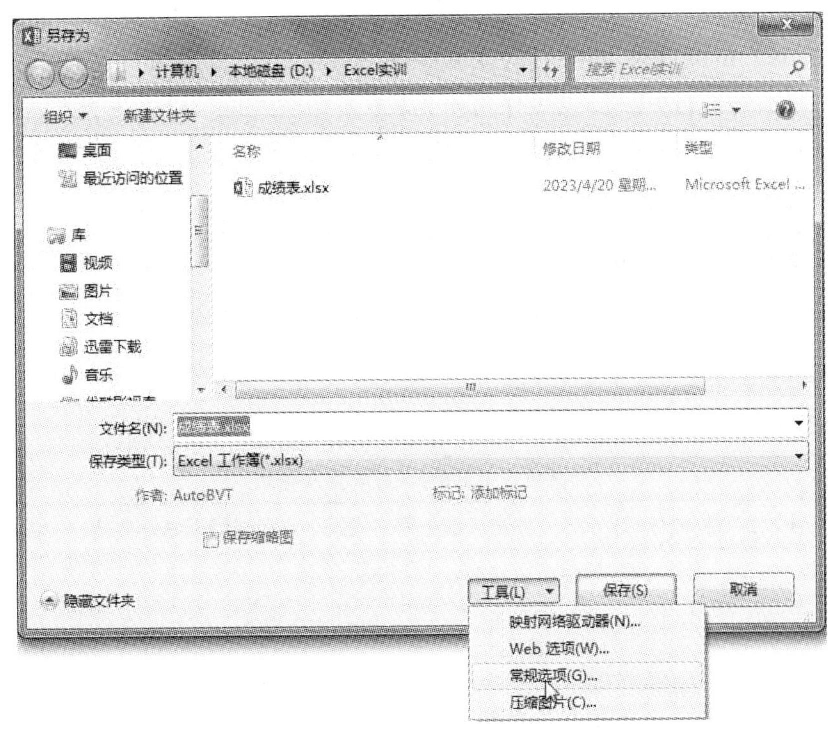

图 4-1　"另存为"对话框

(5)在弹出的"保存选项"对话框中的"打开权限密码"输入框中键入口令"123",再在"修改权限密码"输入框中键入口令"123",单击"确定"按钮,如图 4-2 所示。

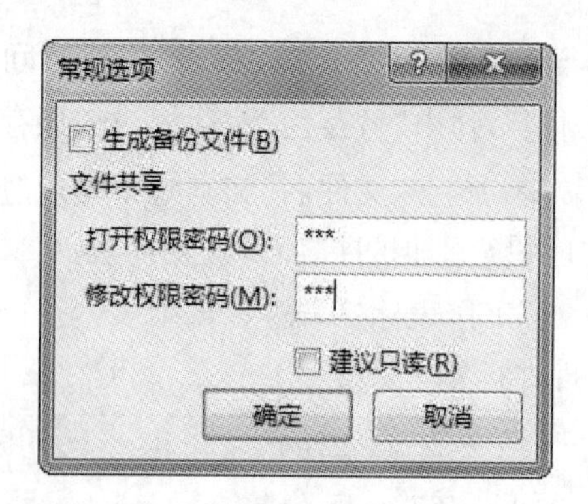

图 4-2 “常规选项”对话框

(6)在确认密码对话框中再输入一遍刚才键入的口令,并再次单击“确定”按钮。

(7)单击“另存为”对话框中的“保存”按钮,关闭工作簿。

(8)用鼠标双击“D:\Excel 实训\成绩表. xlsx”,打开工作簿,这时会提示你输入密码。只有输入密码“123”才能打开该工作簿。

这样,以后每次打开或修改工作簿时,都必须先输入该口令。一般说来,这种保护口令适用于需要最高安全等级的工作簿。口令最多能包括 15 个字符,可以使用特殊字符,并且区分大小写。

说明:工作簿密码设置也可以在“文件”选项卡中,选择“信息”选项,单击“保护工作簿”按钮,在打开的选项中选择“用密码进行加密”。

2. 输入数据

打开“成绩表. xlsx”工作簿,在“成绩表”工作表中输入下列数据。

《计算机应用基础》课程学生成绩表

学 号	性 别	姓 名	期中成绩	期末成绩	平时成绩	总评成绩	名 次
2001010201	男	吴子轩	62	68	85		
2001010202	男	曹阳	69	70	85		
2001010203	男	胡纯纯	89	91	95		
2001010204	男	李晓帅	69	64	85		
2001010205	女	赵文静	77	62	88		
2001010206	男	马建平	57	67	78		
2001010207	女	凌霜华	85	88	91		
2001010208	女	马营	69	65	80		
2001010209	女	宋丹	47	56	70		
2001010210	男	吴家龙	51	64	90		
2002010201	男	刘昕宇	67	61	90		

续表

学 号	性 别	姓 名	期中成绩	期末成绩	平时成绩	总评成绩	名 次
2002010202	女	方玲	75	78	95		
2002010203	女	郑璐	65	73	90		
2002010204	男	李亚华	82	80	90		
2002010205	男	王伟	67	70	90		
2002010206	女	吴梅	80	72	90		
2002010207	男	丁子成	73	61	90		
2002010208	男	程永恒	55	62	80		
2002010209	男	曹飞飞	62	89	65		
2002010210	女	丁芸	45	58	65		
2003010201	男	吴旭祖	72	81	92		
2003010202	女	陈慧慧	92	75	90		
2003010203	男	朱安国	80	70	84		
2003010204	女	汪婷婷	60	58	85		
2003010205	男	汪志全	89	83	97		
2003010206	女	安晓慧	50	55	65		
2003010207	女	王星	76	79	90		
2003010208	男	张思源	68	55	80		
2003010209	男	柯志斌	66	69	85		
2003010210	男	吴建林	65	73	90		

输入完成后，结果如图 4-3 所示。对 F3:F32 单元格区域的数据进行数据有效性设置：整数，范围是 0～100。提示信息标题为“平时成绩”，提示信息内容为“必须为 0～100 的整数”。

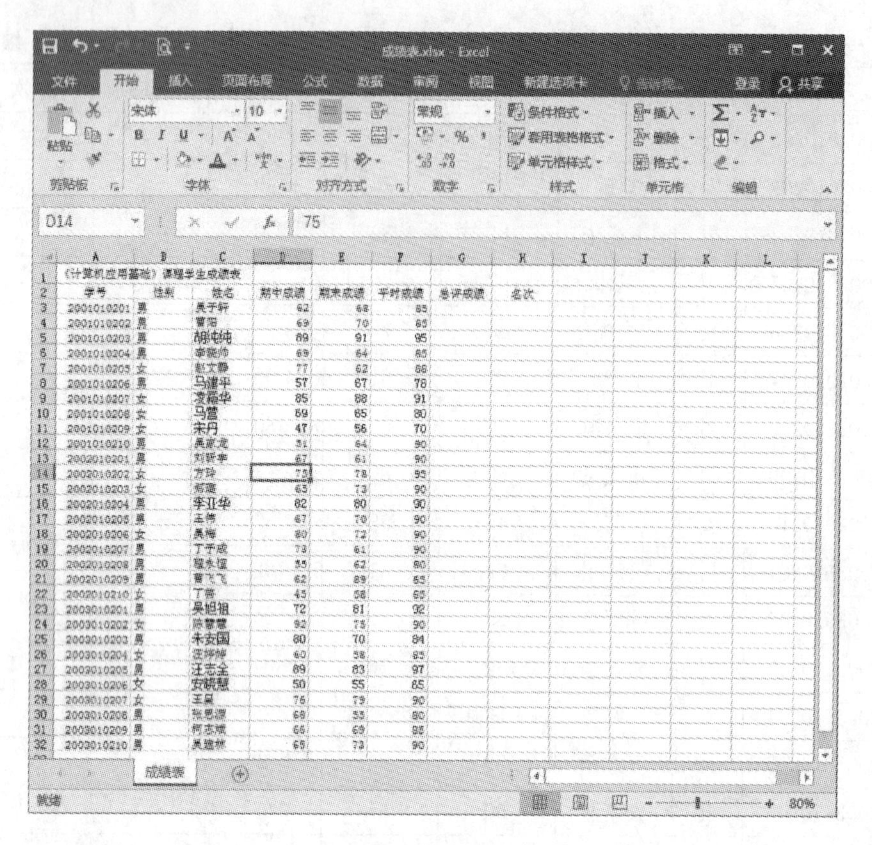

图 4-3　成绩表数据

操作步骤：

(1)单击 A1 单元格，输入“《计算机应用基础》课程学生成绩表”。

(2)依次在 A2～H2 单元格内输入“学号”“性别”“姓名”“期中成绩”“期末成绩”“平时成绩”“总评成绩”“名次”。

(3)再依次在 A3:F32 单元格区域，输入相关数据。

(4)选定 F3:F32 单元格区域，单击“数据”选项卡“数据工具”组中的“数据验证”命令，选择“数据验证”，弹出“数据验证”对话框，在“设置”选项卡“允许”下拉框中选择“整数”，再在“数据”下拉框中选择“介于”，在“最小值”框中输入 0，在“最大值”框中输入 100，如图 4-4 所示。

图 4-4　“数据验证”之“设置”选项卡

(5)在“数据验证”对话框中，单击选择“输入信息”选项卡，选定“选定单元格时显示输入信息”复选框，在“标题”框中输入提示信息的标题“平时成绩”，在“输入信息”框中输入要提示的信息“必须为 0～100 的整数”，如图 4-5 所示。

图 4-5　“数据验证”之“输入信息”选项卡

(6)在输入错误数据后，希望提示更为明确的信息，如指出应当输入什么类型或大小的数据。可以在“数据验证”对话框中单击选择“出错警告”选项卡后进行设置，如图 4-6 所示。

图 4-6 “数据验证”之“出错警告”选项卡

说明:当输入的数字大于 15 位时，Excel 将自动改为科学记数法，如输入身份证等超过 15 位的数字时，可先输入单引号“'”，表示随后输入的数字作为文字，不可以计算，或在输入前单击“开始”选项卡“数字”组下方的命令按钮 ，打开“设置单元格格式”对话框，在“数字”选项卡分类中选择“文本”选项。

(7)在 F3:F32 单元格区域中输入信息时，便会出现提示信息，如图 4-7 所示。当输入无效数据时，显示出错警告，如图 4-8 所示。

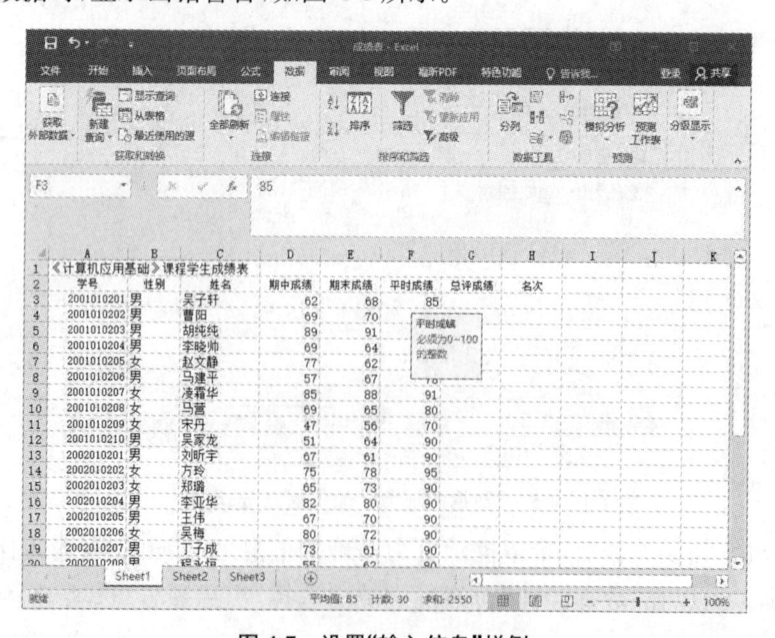

图 4-7 设置“输入信息”样例

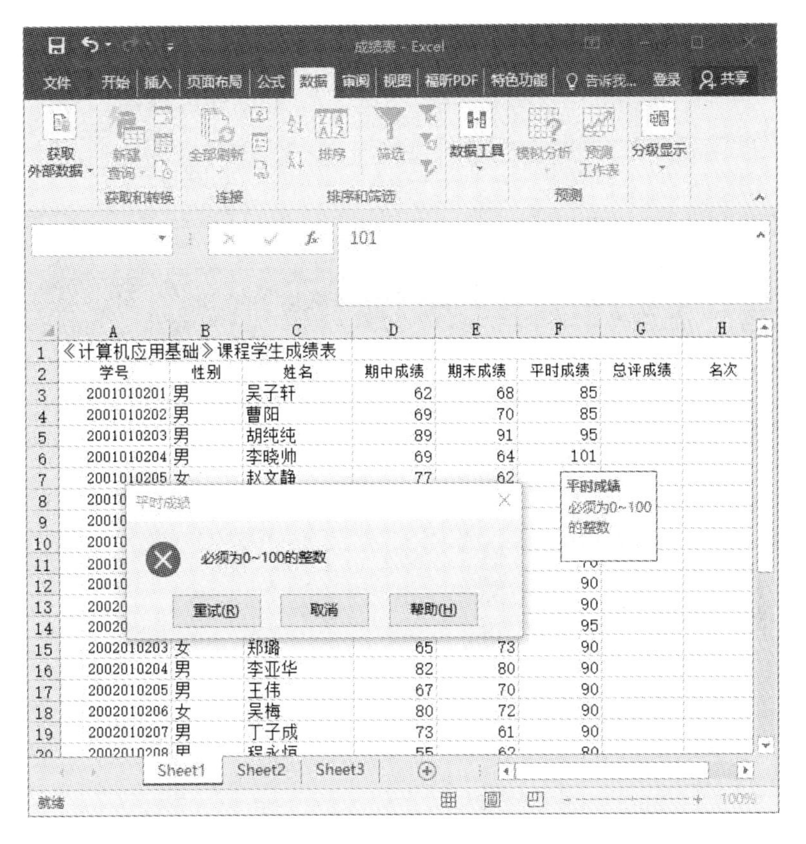

图 4-8　输入无效数据时警告样例

说明：当输入分数时，如输入 1/2 时，Excel 自动将其设置成 1 月 2 日，所以在输入分数时，应在分数前加“0”和空格。

如果在单元格中输入的数据太长，那么单元格中显示的是“＃＃＃＃＃＃”，这时可以适当调整此单元格的列宽。

3. 工作表行、列的操作

分别在“成绩表”工作表的 A 列、B 列和 G 列前插入一列，删除整行与整列，清除单元格的内容，隐藏(显示)行或列。

操作步骤：

(1)单击 A 列表头，选中 A 列，单击“开始”选项卡“单元格”组中的“插入”按钮，在下拉菜单中选择“插入工作表列”选项，即可插入整列，在插入的新列中输入“序号”，再分别在 B 列和 G 列前各插入一列，依次输入“班级”“总评等级”，如图 4-9 所示。

说明：在需要插入新列处选定一个单元格，单击“开始”选项卡“单元格”组中的“插入”按钮，在下拉菜单中选择“插入单元格”，依次打开如图 4-10 所示的【插入】对话框。在对话框中选择插入“整列”单选按钮，按“确定”按钮，则在选中的单元格的左侧插入了新的一列。

成绩表.xlsx - Excel

文件 开始 插入 页面布局 公式 数据 审阅 视图 新建选项卡 告诉我... 登录 共享

粘贴 宋体 10 文本 条件格式 套用表格格式 单元格样式 插入 删除 格式

剪贴板 字体 对齐方式 数字 样式 单元格 编辑

I2 总评等级

	A	B	C	D	E	F	G	H	I	J	K
1		《计算机应用基础》课程学生成绩表									
2	序号	学号	班级	性别	姓名	期中成绩	期末成绩	平时成绩	总评等级	总评成绩	名次
3		2001010201		男	吴子轩	62	66	85			
4		2001010202		男	曹阳	69	70	85			
5		2001010203		男	胡纯纯	89	91	95			
6		2001010204		男	李晓帅	69	64	85			
7		2001010205		女	赵文静	77	62	88			
8		2001010206		男	马建平	57	67	78			
9		2001010207		女	凌霜华	85	88	91			
10		2001010208		女	马营	69	65	80			
11		2001010209		女	宋丹	47	56	70			
12		2001010210		男	吴家龙	51	64	90			
13		2002010201		男	刘昕宇	67	61	90			
14		2002010202		女	方玲	75	78	95			
15		2002010203		女	郑璐	65	73	90			
16		2002010204		男	李亚华	82	80	90			
17		2002010205		男	王伟	67	70	90			
18		2002010206		女	吴梅	80	72	90			
19		2002010207		男	丁子成	73	61	90			
20		2002010208		男	程永恒	55	62	80			
21		2002010209		男	曹飞飞	62	89	65			
22		2002010210		女	丁意	45	58	65			
23		2003010201		男	吴旭祖	72	81	92			
24		2003010202		女	陈蕾蕾	92	75	90			
25		2003010203		男	朱安国	80	70	84			
26		2003010204		女	汪婷婷	60	58	85			
27		2003010205		男	汪志全	89	83	97			
28		2003010206		女	安晓慧	50	55	65			
29		2003010207		女	王昊	76	79	90			
30		2003010208		男	张思源	68	55	80			
31		2003010209		男	柯志斌	66	69	85			
32		2003010210		男	吴建林	65	73	90			

成绩表

就绪 79%

图 4-9　插入列

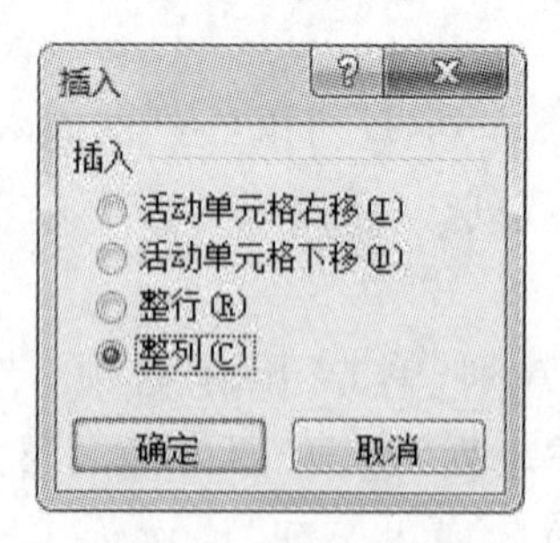

图 4-10　【插入】对话框

(2)分别在 A3、A4 单元格里输入“1”“2”，选中 A3、A4 单元格，将鼠标移到 A4 单元格右下角的填充柄上，当鼠标变成小的黑十字形时，按下鼠标左键并拖动到 A32 单元格，松开鼠标，这时 A5～A32 单元格的序号内容就填充好了。

说明：在数字填充时选中初值单元格后直接拖动填充柄，数值不变，相当于复制。

当填充的步长为±1 时，选中第一个初值，拖动填充柄的同时按【Ctrl】键，向右、向下填充，数值增大，向左、向上填充，数值减小；当填充的步长不等于±1 时，选中前两项作为初值，用鼠标拖动填充柄进行填充。

当填充数据比较复杂时，例如：等比数列、等差数列（公差任意）、按年（月、工作日）变化的日期，可以采用序列填充。通过【开始】选项卡|【编辑】组|【填充】下的序列命令，弹出对话框后完成设定。

(3)选定需要删除的行或列，单击“开始”选项卡“单元格”组中的“删除”按钮，在下拉菜单中选择“删除工作表行”或“删除工作表列”。

(4)选中需要清除的单元格或单元格区域，按“Delete”键，或单击“开始”选项卡“编辑”组中的“清除”按钮，在下拉菜单中选择“清除内容”命令。

说明：如果选定单元格后按【Del】或【Backspace】键，Excel 将只清除单元格中的内容，而保留其中的批注和单元格格式。

(5)首先选中需要隐藏的行或列，单击“开始”选项卡“单元格”组中的“格式”按钮，在下拉菜单中打开“隐藏和取消隐藏”选项，选择“隐藏行”或“隐藏列”，如图 4-11 所示。若需要重新显示，则选中隐藏的行或列[选中隐藏的一行（列）或多行（列）的上下至少两行（列）]，选择“取消隐藏行”或“取消隐藏列”就能使隐藏的行或列重新显示。

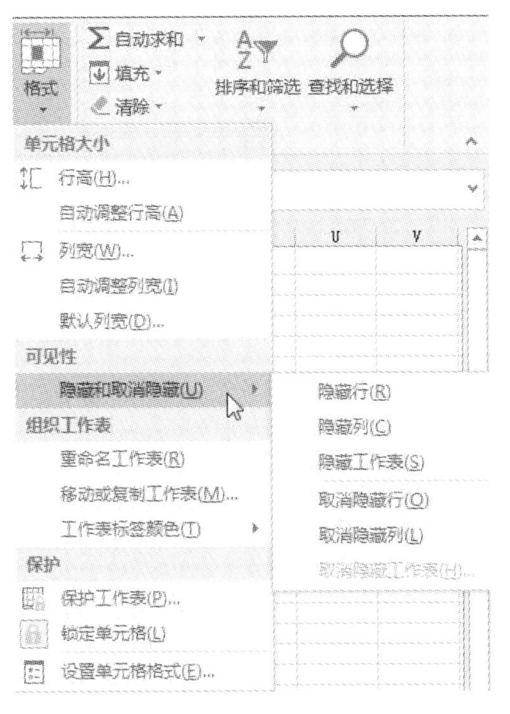

图 4-11　“隐藏和取消隐藏”选项

4. 工作表格式设置

对“成绩表”工作表进行格式设置，效果如图 4-12 所示。将 A1～K1 单元格区域合并，设置文字水平居中、垂直居中、华文行楷、20 号、加粗，行高 45 磅。设置第二行字段名格式为微软雅黑、12 号、加粗、红色、水平居中、垂直居中，行高 25 磅。设置工作表的列宽为“自动调整列宽”。设置 A2～K2 单元格区域底纹为 25%的灰色，图案颜色使用自定义颜色模式 RGB，其中，红色(R)：0，绿色(G)：0，蓝色(B)：255，图案样式为 12.5 灰色。设置 A2～K32 单元格区域所在区域边框线：四周为粗线，内部为细线。当“期末成绩”小于 60 时，用红色、加粗、倾斜显示。

《计算机应用基础》课程学生成绩表

序号	学号	班级	性别	姓名	期中成绩	期末成绩	平时成绩	总评等级	总评成绩	名次
1	2001010201		男	吴子轩	62	68	85			
2	2001010202		男	萧阳	69	70	85			
3	2001010203		男	胡纯纯	89	91	95			
4	2001010204		男	李晓帅	69	64	85			
5	2001010205		女	赵文静	77	62	88			
6	2001010206		男	马建平	57	67	78			
7	2001010207		女	凌羽华	85	88	91			
8	2001010208		女	马蕾	69	65	80			
9	2001010209		女	宋丹	47	***56***	70			
10	2001010210		男	吴家龙	51	64	90			
11	2002010201		男	刘昕宇	67	61	90			
12	2002010202		女	方玲	75	78	95			
13	2002010203		女	郑璐	65	73	90			
14	2002010204		男	李亚华	82	80	90			
15	2002010205		男	王伟	67	70	90			
16	2002010206		女	吴梅	80	72	[illegible]			
17	2002010207		男	丁子成	73	61	90			
18	2002010208		男	程永恒	55	62	80			
19	2002010209		男	宣飞飞	62	89	65			
20	2002010210		女	丁芸	45	***58***	65			
21	2003010201		男	吴旭祖	72	81	92			
22	2003010202		女	陈慧慧	92	75	90			
23	2003010203		男	朱安国	80	70	84			
24	2003010204		女	汪婷婷	60	***58***	85			
25	2003010205		男	汪志全	89	83	97			
26	2003010206		女	安晓蕾	50	***55***	65			
27	2003010207		女	王星	76	79	90			
28	2003010208		男	张思源	68	***55***	80			
29	2003010209		男	柯志斌	66	69	85			
30	2003010210		男	吴建林	65	73	90			

图 4-12 格式化后的学生成绩表

操作步骤：

(1)选中 A1～K1 单元格区域，在“开始”选项卡“对齐方式”组单击“合并后居中”命令按钮。

说明： 如果需要取消合并，可以再次单击“合并后居中”命令按钮。

(2)选中 A1～K1 单元格区域，在“开始”选项卡“字体”组中选择“字体”列表框 华文行楷 的下拉按钮设置字体；单击“字号”列表框 20 的下拉按钮设置字号；单击“加粗”按钮 **B** 设置字体加粗。单击“开始”选项卡“单元格”组中的“格式”按钮，在下拉菜单中打开“行高”对话框，在行高设置框中输入 45，单击“确定”按钮。

(3)选中 A2～K2 单元格区域，在“开始”选项卡“字体”组中选择字体列表框的下拉按钮设置字体；单击“字号”列表框的下拉按钮设置字号；单击“加粗”按钮设置字体加粗；单击“字体颜色”按钮设置字体颜色；在“开始”选项卡“对齐方式”组中分别选择“水平居中”按钮和垂直居中按钮。单击“开始”选项卡“单元格”组中的“格式”按钮，在下拉菜单中打开“行高”对话框，在行高设置框中输入 25，单击“确定”按钮。单击“开始”选项卡“字体”组中的“填充颜色”按钮选择“白色，背景 1，深色 25%”，如图 4-13 所示。单击“开始”选项卡“字体”组中的命令按钮，打开“设置单元格格式”对话框，选择“填充”选项卡，如图 4-14 所示。单击图案颜色下拉箭头，选择“其他颜色”项，打开“颜色”对话框，在“自定义”选项卡中对颜色进行设置，如图 4-15 所示。在“图案样式”下拉菜单中选择 12.5%灰色杂点。

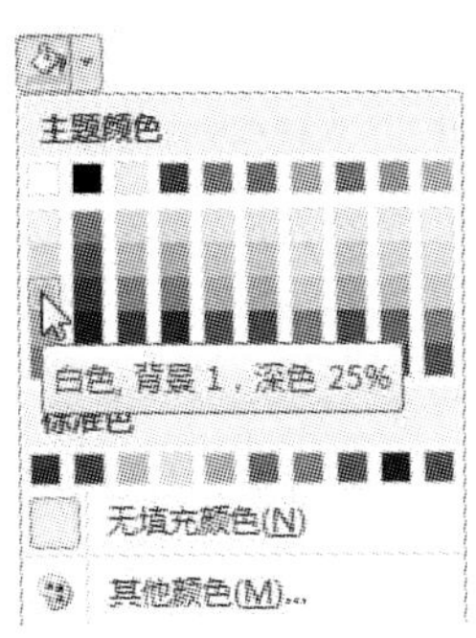

图 4-13　选择底纹填充色

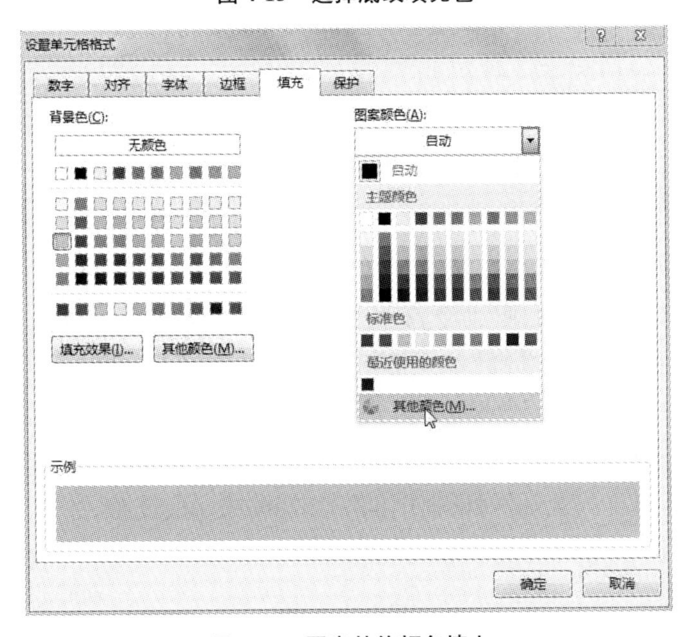

图 4-14　图案其他颜色填充

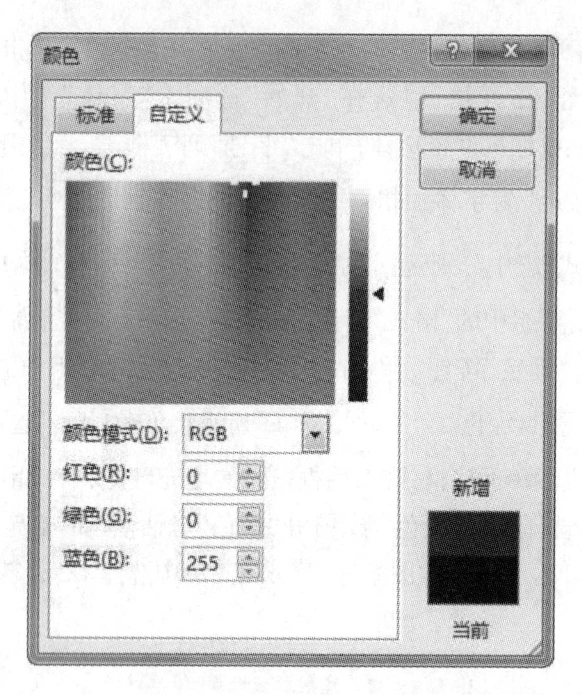

图 4-15 “自定义”颜色设置

(4)选择 A～K 列，打开“开始”选项卡“单元格”组中的“格式”按钮，在下拉菜单中选项“自动调整列宽”选项。

(5)选择 A2～K32 单元格区域，单击“开始”选项卡“字体”组下的命令按钮，打开“设置单元格格式”对话框，在“边框”选项卡的线条中选择粗线，再单击预设中的“外边框”；在线条中选择细线，再单击预设中的“内部”；这时可以在边框中看到边框的样式，如图 4-16 所示。

说明：也可以选中需要设置格式的单元格后单击鼠标右键，弹出快捷菜单后选择设置单元格格式命令。

(6)选择 G3～G32 单元格区域，单击“开始”选项卡“样式”组中“条件格式”按钮打开下拉菜单，选择“新建规则”命令，打开“新建格式规则”对话框，在“只为包含以下内容的单元格设置格式”下选择“单元格值”，在其右侧的下拉框中选择“小于”，并在最右侧的输入框中输入“60”。单击“格式”按钮，打开“设置单元格格式”对话框，在“字体”选项卡中选择颜色为“红色”，字形为“加粗、倾斜”。单击“确定”按钮返回条件格式。再单击“新建格式规则”对话框中的“确定”按钮完成设置，如图 4-17 所示。

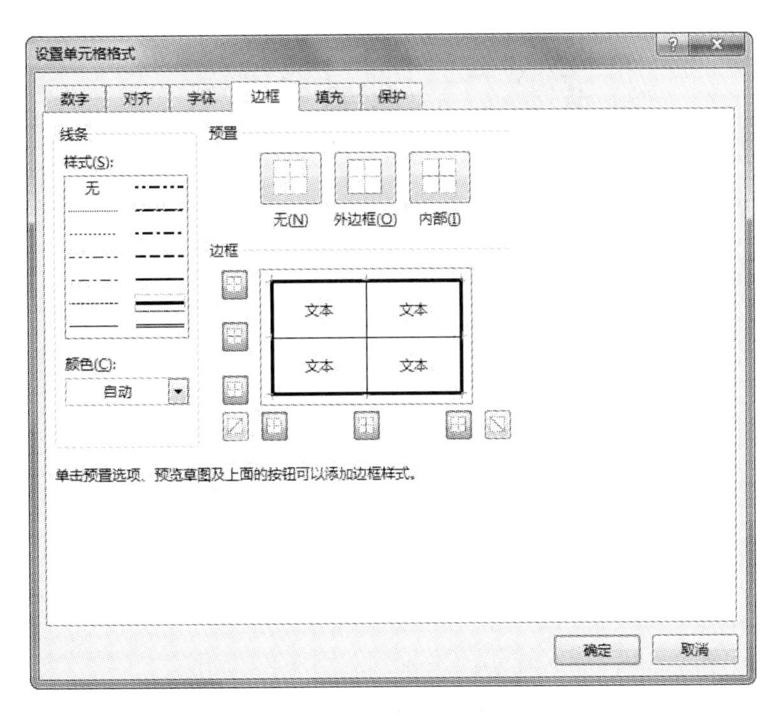

图 4-16　“设置单元格格式”之“边框”选项卡

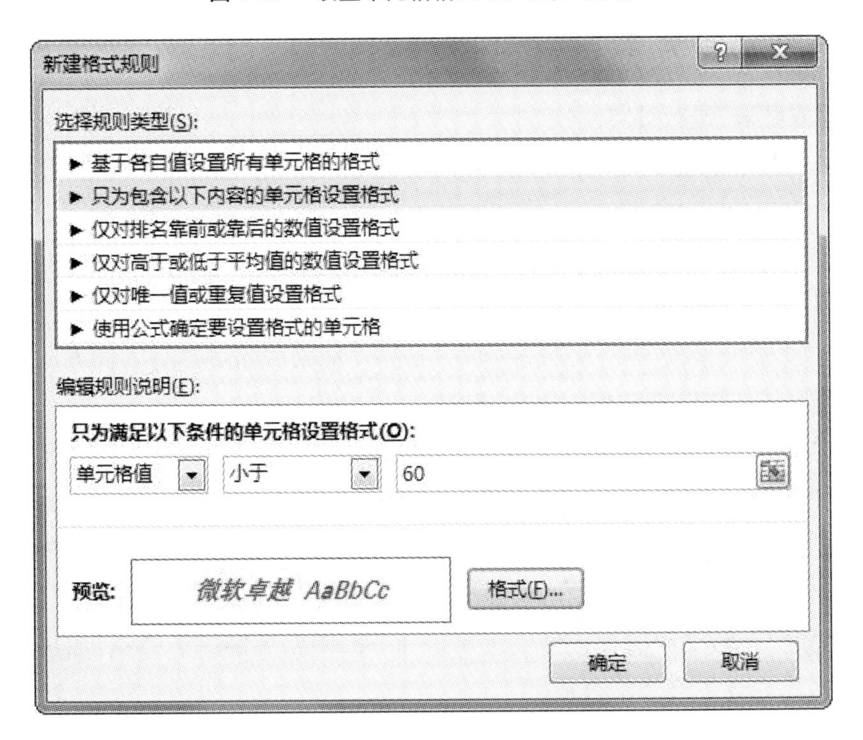

图 4-17　“新建格式规则”对话框

实验二　编辑数据表

一、实验目的

(1)掌握 Excel 2016 公式的使用和复制方法。

(2)掌握 Excel 2016 函数的使用和复制方法。

(3)掌握 Excel 2016 中数字格式的设置。

(4)掌握在 Excel 2016 工作簿中插入新工作表、复制工作表的方法。

二、实验任务

(1)利用公式对 Excel 2016 工作表中的数据进行计算。

(2)利用函数对 Excel 2016 工作表中的数据进行计算。

(3)添加工作表,将已有工作表内容复制到新工作表中。

(4)对 Excel 2016 中的数字进行格式设置。

三、实验内容与步骤

1. 对“成绩表”进行计算

计算总评成绩:总评成绩 = 期中成绩×30%+期末成绩×40%+平时成绩×30%。

计算期末成绩平均值:在 B33 单元格中输入“期末成绩平均值”,计算所有学生的期末成绩平均值,结果放置在 G33 单元格。

计算期末成绩最高分:在 B34 单元格中输入“期末成绩最高分”,计算所有学生的期末成绩最大值,结果放置在 G34 单元格。

计算期末成绩最低分:在 B35 单元格中输入“期末成绩最低分”,计算所有学生的期末成绩最小值,结果放置在 G35 单元格。

根据学号填入班级:学号的第四位代表班级,使用函数填入班级“1 班”“2 班”“3 班”。

计算名次:根据总评成绩给学生排名。

计算总评等级:如果总评成绩大于等于 60 分,则总评等级为合格;如果总评成绩小于 60 分,则总评等级为不合格。

操作步骤:

(1)选中 J3 单元格,输入公式“=F3＊30%+G3＊40%+H3＊30%”,按回车键,便可计算出“吴子轩”的总评成绩。选中 J3 单元格,鼠标指针指向 J3 单元格的右下角,当鼠标指针变成“+”字形后,按住鼠标左键向下拖动,将复制公式到 J4:J32 单元格区域，相应单元格会进行自动调整(如 J4 单元格中的公式自动变成“=F4 * 30%+G4 * 40%+H4 * 30%”,J5 单元格中的公式自动变换为“= F5 * 30%+G5 * 40%+H5 * 30%”)。计算后结果如图 4-18 所示。

	A	B	C	D	E	F	G	H	I	J	K
1	《计算机应用基础》课程学生成绩表										
2	序号	学号	班级	性别	姓名	期中成绩	期末成绩	平时成绩	总评等级	总评成绩	名次
3	1	2001010201		男	吴子轩	62	68	85		71.3	
4	2	2001010202		男	曹阳	69	70	85		74.2	
5	3	2001010203		男	胡纯纯	89	91	95		91.6	
6	4	2001010204		男	李晓帅	69	64	85		71.8	
7	5	2001010205		女	赵文静	77	62	88		74.3	
8	6	2001010206		男	马建平	57	67	78		67.3	
9	7	2001010207		女	凌丽华	85	88	91		88	
10	8	2001010208		女	马蕾	69	65	80		70.7	
11	9	2001010209		女	宋丹	47	56	70		57.5	
12	10	2001010210		男	吴家龙	51	64	90		67.9	
13	11	2002010201		男	刘昕宇	67	61	90		71.5	
14	12	2002010202		女	方玲	75	78	95		82.2	
15	13	2002010203		女	郑璐	65	73	90		75.7	
16	14	2002010204		男	李亚华	82	80	90		83.6	
17	15	2002010205		男	王伟	67	70	90		75.1	
18	16	2002010206		女	吴梅	80	72	90		79.8	
19	17	2002010207		男	丁子成	73	61	90		73.3	
20	18	2002010208		男	程永恒	55	63	80		65.7	
21	19	2002010209		男	曹飞飞	62	89	65		73.7	
22	20	2002010210		女	丁芸	45	58	65		56.2	
23	21	2003010201		男	吴旭祖	72	81	92		81.6	
24	22	2003010202		女	陈蓉蓉	92	75	90		84.6	
25	23	2003010203		男	宋安国	80	70	84		77.2	
26	24	2003010204		女	汪婷婷	60	58	85		66.7	
27	25	2003010205		男	汪志全	89	83	97		89	
28	26	2003010206		女	安晓蕾	50	55	65		56.5	
29	27	2003010207		女	王昊	76	79	90		81.4	
30	28	2003010208		男	张思源	68	55	80		66.4	
31	29	2003010209		男	柯志斌	66	69	85		72.9	
32	30	2003010210		男	吴建林	65	73	90		75.7	

图 4-18　公式的使用

> **说明**：也可以先选中要计算的单元格区域，再输入公式，当公式输入完后，按住“Ctrl+Enter”键，这样单元格区域里的所有计算就都完成了。

(2)单击 B33 单元格，输入“期末成绩平均值”。选中 G33 单元格，单击编辑栏左边的按钮 fx ，或单击“公式”选项卡“函数库”组的“插入函数”命令，打开“插入函数”对话框，在“或选择类别”列表框中选择“常用函数”，在“选择函数”下拉列表框中选择“AVERAGE”选项，单击“确定”按钮，如图 4-19 所示。在“函数参数”对话框的“Number1”文本框中单击参数框右侧的折叠按钮，可将对话框折叠，在显露出的工作表中选择 G3:G32 单元格区域，单击折叠后的输入框右侧的返回按钮，恢复参数输入对话框，单击“确定”按钮，如图 4-20 所示。

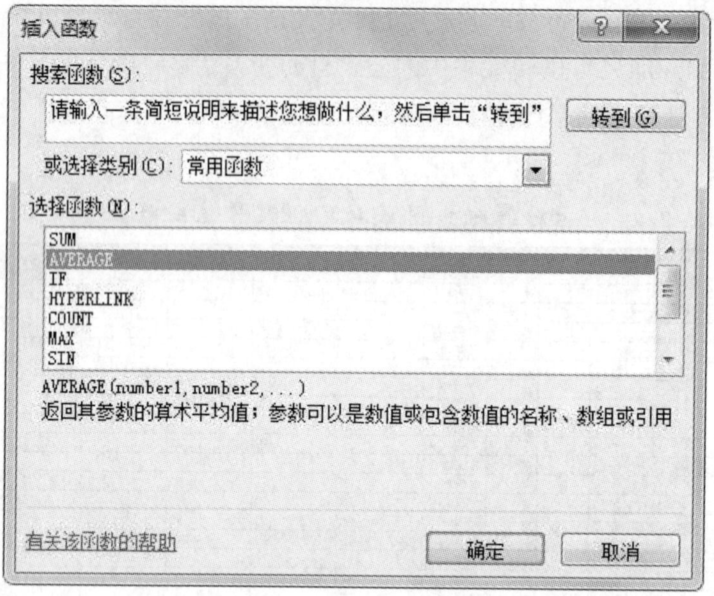

图 4-19 “插入函数”对话框

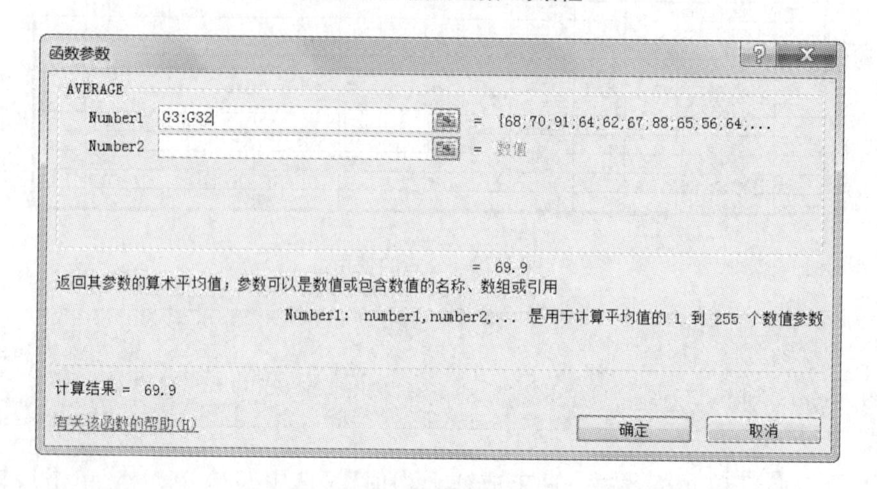

图 4-20 “函数参数”对话框

说明:如果是对不同区域的数字计算平均值,则可以按住“Ctrl”键分别选取。

(3)单击 B34 单元格,输入“期末成绩最高分”。选中 G34 单元格,在“编辑栏”中单击“插入函数”按钮 f_x ,弹出“插入函数”对话框,在“或选择类别”列表框中选择“常用函数”选项,在“选择函数”下拉列表框中选择“MAX”选项,然后单击“确定”按钮,在“函数参数”对话框的“Number1”文本框中输入“G3:G32”,单击“确定”按钮。

(4)单击 B35 单元格,输入“期末成绩最低分”。选中 G35 单元格,在“编辑栏”中输入“=MIN(G3:G32)”,单击✓按钮。

(5)选中C3单元格,单击编辑栏左边的按钮 fx ,或单击“公式”选项卡“函数库”组下的“插入函数”命令,打开“插入函数”对话框,在“搜索函数”中输入“MID”后单击“转到”按钮,自动搜索出输入函数。选择“MID”选项,单击“确定”按钮,在打开的“函数参数”对话框的“Text”文本框中单击参数框右侧的折叠按钮,可将对话框折叠,在显露出的工作表中选择B3单元格,再单击折叠后的输入框右侧的返回按钮,恢复参数输入对话框。在“Start_num”文本框中输入“4”,再在“Num_chars”文本框中输入“1”,然后单击“确定”按钮。因为提取出来的是数字,所以我们可以在编辑栏的公式后添加“班”字,公式为:“=MID(B3,4,1)&"班"”,选中C3单元格,按下鼠标左键拖动单元格右下角的填充柄到C32单元格。

(6)单击K3单元格,在“编辑栏”中单击“插入函数”按钮 fx ,弹出“插入函数”对话框,在“搜索函数”中输入“RANK. EQ”,单击“转到”按钮,则可在“选择函数”下拉列表框中显示RANK. EQ函数。选择“RANK. EQ”选项,然后单击“确定”按钮,在打开的“函数参数”对话框的“Number”文本框中单击参数框右侧的折叠按钮,可将对话框折叠,在显露的工作表中选择K3单元格,再单击折叠后的输入框右侧的返回按钮恢复参数输入对话框。在“Ref”文本框中输入$J$3:$J$32,在“Order”文本框中可根据具体要求选择升序还是降序(如果为0或忽略,则为降序;如果为非零值,则为升序),最后单击“确定”按钮。选中K3单元格,按下鼠标左键拖动单元格右下角的填充柄,使之向下填充“名次”数据列。

说明: 因为确定数据的排名是在规定区域内进行查找的,所以用到了绝对引用。

(7)单击I3单元格,在“编辑栏”中单击“插入函数”按钮 fx ,弹出“插入函数”对话框,在“或选择分类”列表框中选择“常用函数”选项,在“选择函数”下拉列表框中选择“IF”选项,然后单击“确定”按钮。在“函数参数”对话框的“Logical”文本框中输入“J3>=60”,在“Value_if_true”文本框中输入“合格”,最后在“Value_if_false”文本框中输入“不合格”,单击“确定”按钮。选中I3单元格,按下鼠标左键拖动单元格右下角的填充柄,使之向下填充“总评等级”数据列,如图4-21所示。

《计算机应用基础》课程学生成绩表

序号	学号	班级	性别	姓名	期中成绩	期末成绩	平时成绩	总评等级	总评成绩	名次
1	2001010201	1班	男	吴子轩	62	68	85	合格	71.3	21
2	2001010202	1班	男	言阳	69	70	85	合格	74.2	15
3	2001010203	1班	男	胡纯纯	89	91	95	合格	91.6	1
4	2001010204	1班	男	李晓帅	69	64	85	合格	71.8	19
5	2001010205	1班	女	赵文静	77	62	88	合格	74.3	14
6	2001010206	1班	男	马建平	57	67	78	合格	67.3	24
7	2001010207	1班	女	凌霜华	85	88	91	合格	88	3
8	2001010208	1班	女	马言	69	65	80	合格	70.7	22
9	2001010209	1班	女	宋丹	47	56	70	不合格	57.5	28
10	2001010210	1班	男	吴家龙	51	64	90	合格	67.9	23
11	2002010201	2班	男	刘昕宇	67	61	90	合格	71.5	20
12	2002010202	2班	女	方玲	75	78	95	合格	82.2	6
13	2002010203	2班	女	郑璐	65	73	90	合格	75.7	11
14	2002010204	2班	男	李亚华	82	80	90	合格	83.6	5
15	2002010205	2班	男	王伟	67	70	90	合格	75.1	13
16	2002010206	2班	女	吴梅	80	72	90	合格	79.8	9
17	2002010207	2班	男	丁子威	73	61	90	合格	73.3	17
18	2002010208	2班	男	程永恒	55	63	80	合格	65.7	27
19	2002010209	2班	男	言飞飞	62	89	65	合格	73.7	16
20	2002010210	2班	女	丁雷	45	58	65	不合格	56.2	30
21	2003010201	3班	男	吴旭祖	72	81	92	合格	81.6	7
22	2003010202	3班	女	陈慧慧	92	75	90	合格	84.6	4
23	2003010203	3班	男	朱安国	80	70	84	合格	77.2	10
24	2003010204	3班	女	汪婷婷	60	58	85	合格	66.7	25
25	2003010205	3班	男	汪志全	89	83	97	合格	89	2
26	2003010206	3班	女	袁晓慧	50	55	65	不合格	56.5	29
27	2003010207	3班	女	王晶	76	79	90	合格	81.4	8
28	2003010208	3班	男	张恩源	68	55	80	合格	66.4	26
29	2003010209	3班	男	柯志斌	66	69	85	合格	72.9	18
30	2003010210	3班	男	吴建林	65	73	90	合格	75.7	11
	期末成绩平均值					69.9				
	期末成绩最高分					91				
	期末成绩最低分					55				

图 4-21　函数的使用

2. 添加工作表

在“成绩表.xlsx”工作簿中分别添加“数字格式”“排序”“自动筛选”“自定义筛选”“高级筛选”“分类汇总”“数据透视表”七个工作表。

操作步骤：

(1)选择“开始”选项卡“单元格”组“插入”的下拉按钮，单击“插入工作表”菜单命令，就会在当前工作表之前插入一个新工作表。

> **说明：**单击工作表标签“成绩表”后的“插入工作表”标识⊕，也可以插入一张工作表。还可以用快捷键“Shift+F11”实现新建工作表功能。右击“成绩表”，在快捷菜单中单击“插入”选项，在出现的“插入”对话框的“常用”标签下选择“工作表”，可以在左边插入一个新工作表。

(2)在“成绩表”工作表中复制 A1:K32 单元格区域，单击新建的“Sheet1”工作表，选中 A1 单元格，右击鼠标，选择“粘贴”，适当调整工作表的行高和列宽。右击“Sheet1”工作表标签，选择“重命名”，将工作表重命名为“数字格式”。

(3)选中“数字格式”工作表标签，按住“Ctrl”键拖动，至“数字格式”工作表标签后释放鼠标按键，这时复制一个新的工作表“数字格式 2”，将新工作表重命名为“排序”。

(4)选中“数字格式”工作表标签，单击鼠标右键，在弹出的快捷菜单中单击“移动或复制工作表”命令，打开“移动或复制工作表”对话框，选中“建立副本”复选框，如图 4-22 所示。在“下列选定工作表之前”列表框中，单击“(移至最后)”，确定即可。将新复制的工作表重命名为“自动排序”。

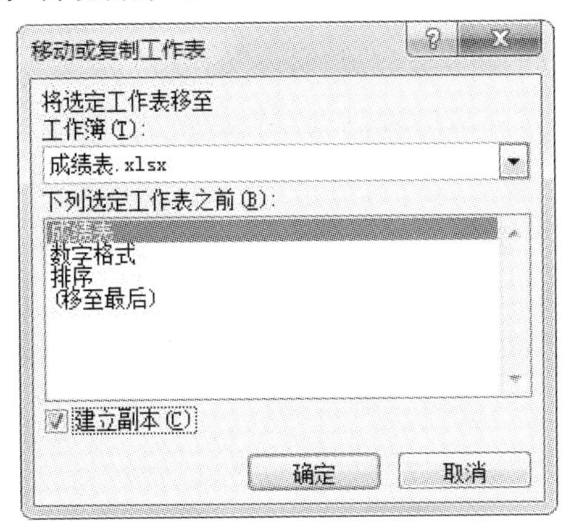

图 4-22　“移动或复制工作表”对话框

说明：以上操作也可以选择“开始”选项卡“单元格”中的“格式”下拉按钮。在打开的下拉菜单中单击“移动或复制工作表”选项完成。

(5)通过工作表的复制，再复制六个工作表，依次重命名为“排序”“自动筛选”“自定义筛选”“高级筛选”“分类汇总”“数据透视表”，如图 4-23 所示。

《计算机应用基础》课程学生成绩表

序号	学号	班级	性别	姓名	期中成绩	期末成绩	平时成绩	总评等级	总评成绩	名次
1	2001010201	1班	男	吴子轩	62	68	85	合格	71.3	21
2	2001010202	1班	男	曹阳	69	70	85	合格	74.2	15
3	2001010203	1班	男	胡纯纯	89	91	95	合格	91.6	1
4	2001010204	1班	男	李晓帅	69	64	85	合格	71.8	19
5	2001010205	1班	女	赵文静	77	62	88	合格	74.3	14
6	2001010206	1班	男	马建平	57	67	78	合格	67.3	24
7	2001010207	1班	女	凌霜华	85	88	91	合格	88	3
8	2001010208	1班	女	马营	69	65	80	合格	70.7	22
9	2001010209	1班	女	宋丹	47	56	70	不合格	57.5	28
10	2001010210	1班	男	吴家龙	51	64	90	合格	67.9	23
11	2002010201	2班	男	刘昕宇	67	61	90	合格	71.5	20
12	2002010202	2班	女	方玲	75	78	95	合格	82.2	6
13	2002010203	2班	女	郑璐	65	73	90	合格	75.7	11
14	2002010204	2班	男	李亚华	82	80	90	合格	83.6	5
15	2002010205	2班	男	王伟	67	70	90	合格	75.1	13
16	2002010206	2班	女	吴梅	80	72	90	合格	79.8	9
17	2002010207	2班	男	丁子成	73	61	90	合格	73.3	17
18	2002010208	2班	男	程永恒	55	63	80	合格	65.7	27
19	2002010209	2班	男	曹飞飞	62	89	65	合格	73.7	16
20	2002010210	2班	女	丁芸	45	58	65	不合格	56.2	30
21	2003010201	3班	男	吴旭祖	72	81	92	合格	81.6	7
22	2003010202	3班	女	陈慧慧	92	75	90	合格	84.6	4
23	2003010203	3班	男	朱安国	80	70	84	合格	77.2	10
24	2003010204	3班	女	汪婷婷	60	58	85	合格	66.7	25
25	2003010205	3班	男	汪志全	89	83	97	合格	89	2
26	2003010206	3班	女	安晓慧	50	55	65	不合格	56.5	29
27	2003010207	3班	女	王星	76	79	90	合格	81.4	8
28	2003010208	3班	男	张思源	68	55	80	合格	66.4	26
29	2003010209	3班	男	柯志斌	66	69	85	合格	72.9	18
30	2003010210	3班	男	吴建林	65	73	90	合格	75.7	11

成绩表　数字格式　排序　自动筛选　自定义筛选　高级筛选　分类汇总　数据透视表

图 4-23　复制并重命名后的工作表

3. 单元格格式设置

在“数字格式”工作表中将“学号”列设置成文本格式，将“期末成绩”列设置成“数值”，小数位数为“1”。在J33单元格输入当前日期，将其设置成“年月日”的格式，在K33单元格输入当前时间，将其设置成“时分”的格式。

操作步骤：

(1)打开“数字格式”工作表，选中B3:B32单元格区域，单击“开始”选项卡“字体”组下的命令按钮，打开“设置单元格格式”对话框，选择“数字”选项卡，在“分类”列表框中选择“文本”，单击“确定”按钮即可，如图4-24所示。

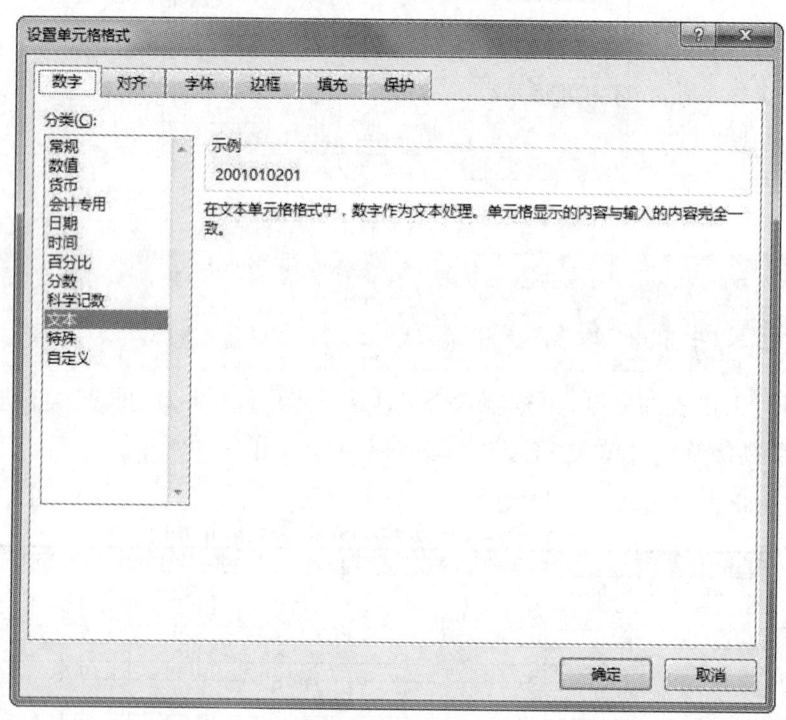

图4-24 “单元格格式”之“文本”对话框

(2)选中G3:G32单元格区域，单击“开始”选项卡“字体”组下的命令按钮，打开“设置单元格格式”对话框，选择“数字”选项卡，在“分类”列表框中选择“数值”，在“小数位数”框中输入1，单击“确定”按钮即可，如图4-25所示。

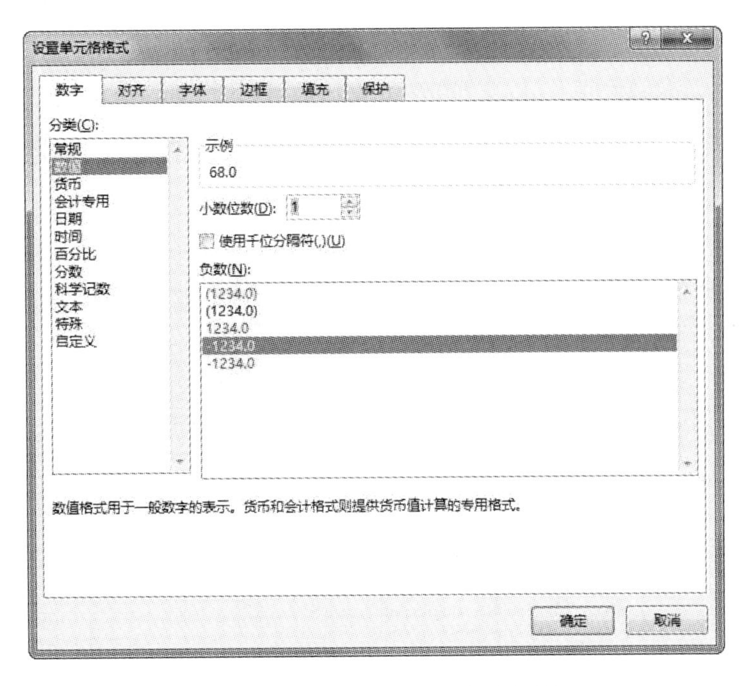

图 4-25　“设置单元格格式”之“数值”

(3)单击 J33 单元格,按快捷键“Ctrl+;”显示当前日期,单击“开始”选项卡“字体”组下的命令按钮,打开“设置单元格格式”对话框,选择“数字”选项卡,在“分类”列表框中选择“日期”,在“类型”中选择“2012 年 3 月 14 日”,单击“确定”按钮,如图4-26所示。

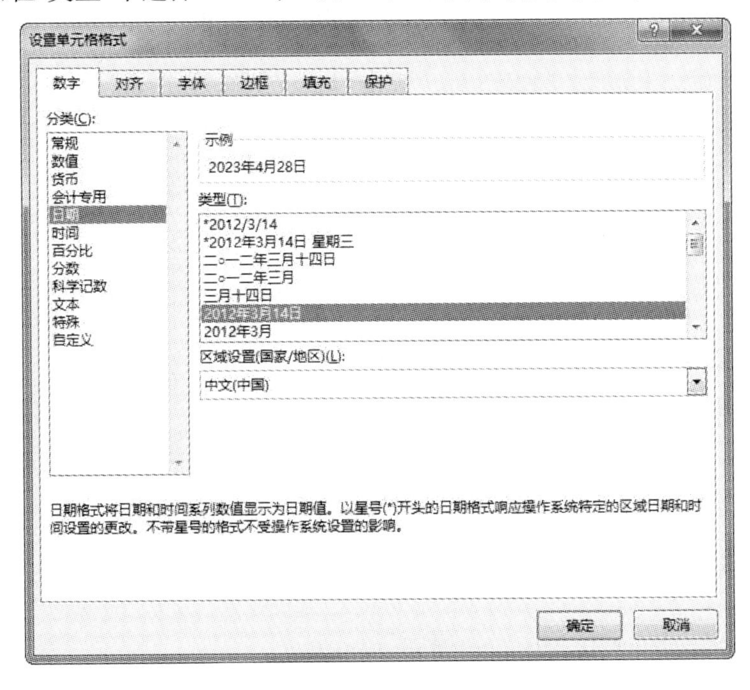

图 4-26　“设置单元格格式”之“日期”

(4)单击 K33 单元格,按快捷键“Ctrl+Alt+;”显示当前时间,单击“开始”选项卡“字体”组下的命令按钮 ,打开“设置单元格格式”对话框,选择“数字”选项卡,在“分类”列表框中选择“时间”,在“类型”中选择“13 时 30 分”,单击“确定”按钮。完成后的“数字格式”工作表如图 4-27 所示。

	A	B	C	D	E	F	G	H	I	J	K
1	《计算机应用基础》课程学生成绩表										
2	序号	学号	班级	性别	姓名	期中成绩	期末成绩	平时成绩	总评等级	总评成绩	名次
3	1	2001010201	1班	男	吴子轩	62	68	85	合格	71.3	21
4	2	2001010202	1班	男	曹阳	69	70	85	合格	74.2	15
5	3	2001010203	1班	男	胡纯纯	89	91	95	合格	91.6	1
6	4	2001010204	1班	男	李晓帅	69	64	85	合格	71.8	19
7	5	2001010205	1班	女	赵文静	77	62	88	合格	74.3	14
8	6	2001010206	1班	男	马建平	57	67	78	合格	67.3	24
9	7	2001010207	1班	女	凌丽华	85	88	91	合格	88	3
10	8	2001010208	1班	女	马蕾	69	65	80	合格	70.7	22
11	9	2001010209	1班	女	宋丹	47	56	70	不合格	57.5	28
12	10	2001010210	1班	男	吴家龙	51	64	90	合格	67.9	23
13	11	2002010201	2班	男	刘昕宇	67	61	90	合格	71.5	20
14	12	2002010202	2班	女	方玲	75	78	95	合格	82.2	6
15	13	2002010203	2班	女	郑璐	65	73	90	合格	75.7	11
16	14	2002010204	2班	男	李亚华	82	80	90	合格	83.6	5
17	15	2002010205	2班	男	王伟	67	70	90	合格	75.1	13
18	16	2002010206	2班	女	吴梅	80	72	90	合格	79.8	9
19	17	2002010207	2班	男	丁子成	73	61	90	合格	73.3	17
20	18	2002010208	2班	男	程永恒	55	63	80	合格	65.7	27
21	19	2002010209	2班	男	曹飞飞	62	89	65	合格	73.7	16
22	20	2002010210	2班	女	丁梦	45	58	65	不合格	56.2	30
23	21	2003010201	3班	男	吴旭祖	72	81	92	合格	81.6	7
24	22	2003010202	3班	女	陈慧聪	92	75	90	合格	84.6	4
25	23	2003010203	3班	男	朱安国	80	70	84	合格	77.2	10
26	24	2003010204	3班	女	汪婷婷	60	58	85	合格	66.7	25
27	25	2003010205	3班	男	汪志全	89	83	97	合格	89	2
28	26	2003010206	3班	女	安晓慧	50	55	65	不合格	56.5	29
29	27	2003010207	3班	女	王巍	76	79	90	合格	81.4	8
30	28	2003010208	3班	男	张思源	68	55	80	合格	66.4	26
31	29	2003010209	3班	男	柯志斌	66	69	85	合格	72.9	18
32	30	2003010210	3班	男	吴建林	65	73	90	合格	75.7	11
33										2023年4月28日	21时00分
34											

成绩表 | 数字格式 | 排序 | 自动筛选 | 自定义筛选 | 高级筛选 | 分类汇总 | 数据透视表

图 4-27 完成后的“数字格式”工作表

实验三 Excel 2016 数据管理

一、实验目的

(1)掌握 Excel 2016 工作表中数据的排序。

(2)掌握 Excel 2016 工作表中数据的筛选。

(3)掌握 Excel 2016 工作表中数据的分类汇总。

(4)掌握 Excel 2016 工作表中数据透视表的使用。

二、实验任务

(1)在 Excel 2016 工作表中对数据进行排序。

(2)对 Excel 2016 工作表中的数据进行“自动筛选”“自定义筛选”和“高级筛选”。

(3)对工作表中的数据进行分类汇总。

(4)利用“数据透视表”对数据进行分析。

三、实验内容与步骤

1. 排序

对工作表中的“性别”按笔画顺序进行升序排列，“性别”相同的按“总评成绩”降序排列。

操作步骤：

(1)打开“排序”工作表，单击工作表数字区域任意位置，单击“数据”选项卡“排序和筛选”组下的“排序”命令，打开“排序”对话框，在对话框中选择主要关键字为“性别”，选择排序方式为升序，单击“排序”对话框中的“选项”按钮，打开“排序选项”对话框，在排序方法下选中“按笔画顺序”单选按钮。

(2)在“排序”对话框中单击“添加条件”按钮，添加“次要关键字”，在“次要关键字”中选择“总评成绩”，选择排序方式为“降序”，单击“确定”按钮，如图 4-28 所示。

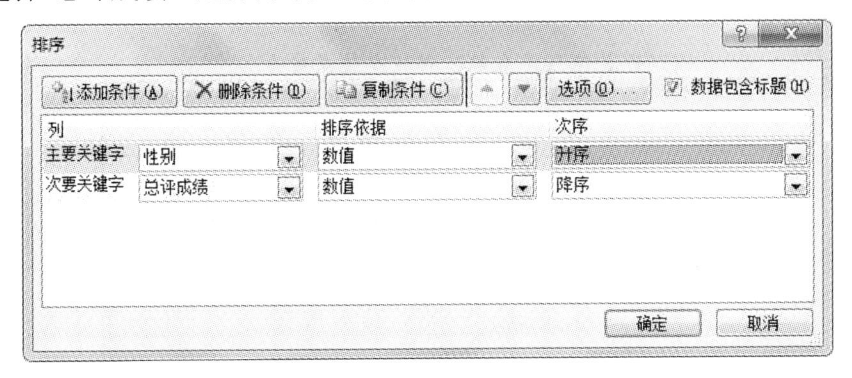

图 4-28　“排序”之“有标题行”对话框

说明：如将“数据包含标题”前的☑取消，则关键字项按列号显示排序项，如图 4-29所示。

图 4-29　“排序”之“无标题行”对话框

2. 筛选

自定义筛选“女生”“期末成绩”小于 60 分的记录；筛选出“总评成绩”最高的前三位同学；在工作表中高级筛选出“女生”“总评成绩”大于等于 60 分的记录，条件区域放置在 M2:N3，筛选结果放置在从 A34 单元格开始的区域。

操作步骤：

(1)自定义筛选。

①打开“自定义筛选”工作表，在数据区域内单击“数据”选项卡“排序和筛选”组下的“筛选”命令，Excel 便在数据清单每个列标记的右边插入了一个下拉式按钮。

②单击“性别”右边的下拉式按钮▼会出现一个下拉式列表，如图 4-30 所示。在下拉式列表中选择“女”，单击“确定”按钮。

③单击“期末成绩”右边的下拉式按钮，在下拉式列表中选择“数字筛选”项下的“自定义筛选”项，打开“自定义自动筛选方式”对话框，在对话框中输入筛选条件：“期末成绩”小于 60，如图 4-31 所示。单击“确定”按钮。筛选结果如图 4-32 所示。

图 4-30　对工作表进行自动筛选

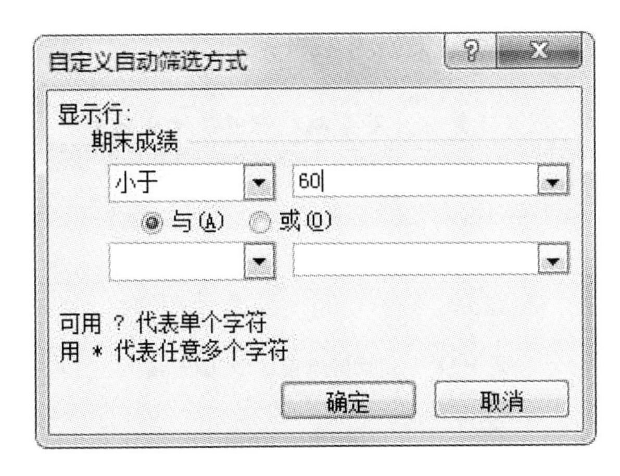

图 4-31　“自定义自动筛选方式”对话框

《计算机应用基础》课程学生成绩表

	A	B	C	D	E	F	G	H	I	J	K
2	[illegible]	学号	[illegible]	性别	姓名	期中成绩	期末成绩	平时成绩	[illegible]	[illegible]	[illegible]
11	9	2001010209	1班	女	宋丹	47	56	70	不合格	57.5	28
22	20	2002010210	2班	女	丁慧	45	58	65	不合格	56.2	30
26	24	2003010204	3班	女	汪婷婷	60	58	65	合格	66.7	25
28	26	2003010206	3班	女	安晓慧	50	55	65	不合格	56.5	29

数字格式　排序　自动筛选　自定义筛选　高级筛选　分类汇总　数据透视表

图 4-32　“自定义筛选”筛选结果

(2)自动筛选。

①打开“自动筛选”工作表，在数据区域内单击“数据”选项卡“排序和筛选”组下的“筛选”命令，Excel 便在数据清单每个列标记的右边插入了一个下拉式按钮。

②单击“总评成绩”右边的下拉式按钮▾，会出现一个下拉式列表，在下拉式列表“数字筛选”下选择“前 10 项”，打开“自动筛选前 10 个”对话框，在对话框中输入筛选条件：显示最大的 3 项，如图 4-33 所示。

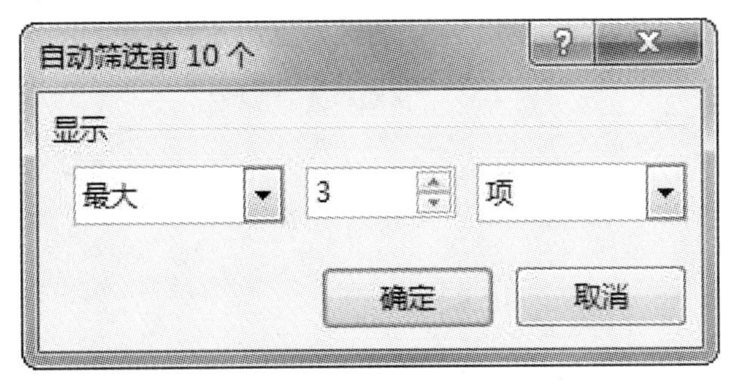

图 4-33　“自动筛选前 10 个”对话框

③单击“确定”按钮。筛选结果如图 4-34 所示。

《计算机应用基础》课程学生成绩表

序号	学号	班级	性别	姓名	期中成	期末成	平时成	总评等	总评成	名次
3	2001010203	1班	男	胡纯纯	89	91	95	合格	91.6	1
7	2001010207	1班	女	凌霜华	85	88	91	合格	88	3
25	2003010205	3班	男	汪志全	89	83	97	合格	89	2

... 数字格式 | 排序 | 自动筛选 | 自定义筛选 | 高级筛选 | 分类汇总 | 数据透视表

图 4-34 “自动筛选前 3 个”筛选结果

(3)高级筛选。

①打开“高级筛选”工作表,在 M2 单元格输入“性别”,在 N2 单元格输入“总评成绩”,在 M3:N3 单元格区域内分别输入“女”,“>=60”。

②单击“数据”选项卡“排序和筛选”组下的“高级”选项,打开“高级筛选”对话框。

③在“高级筛选”对话框“方式”中选择“将筛选结果复制到其他位置”,在“列表区域”框中输入或利用折叠按钮选择数据区域 A2:K32,在“条件区域”框中输入或利用折叠按钮选择条件区域 M2:N3,在“复制到”框中输入或利用折叠按钮选择筛选结果开始放置的单元格 A34,如图 4-35 所示。

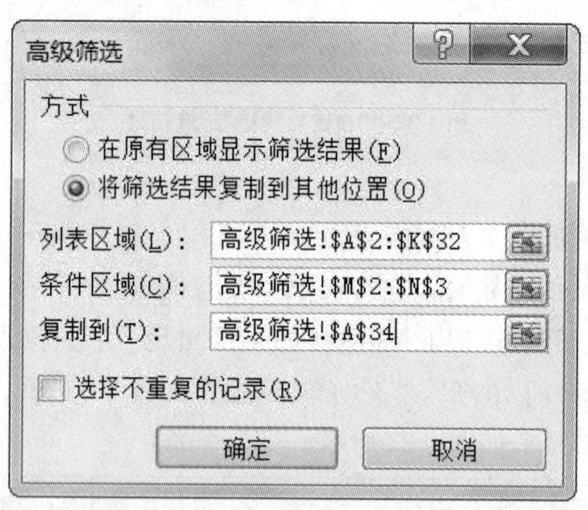

图 4-35 “高级筛选”对话框

④单击“确定”按钮。筛选结果如图 4-36 所示。

图 4-36　“高级筛选”筛选结果

3. 分类汇总

按“班级”分类汇总“期末成绩”和“总评成绩”的平均分、最高分、最低分。

操作步骤：

(1)打开“分类汇总”工作表，单击“班级”所在列任一单元格。

(2)单击“数据”选项卡“排序和筛选”组下的升序按钮 Z↓A，对“班级”字段进行排序。

(3)将光标放置在数据清单中任一单元格。单击“数据”选项卡“分级显示”中的“分类汇总”命令，打开“分类汇总”对话框。

(4)在“分类汇总”对话框中打开“分类字段”下拉列表框，从中选择“班级”数据列。

(5)打开“汇总方式”下拉列表框，选择用于计算分类汇总的函数“平均值”。在“选定汇总项”列表框中，选择需要汇总计算的数值列“期末成绩”和“总评成绩”所对应的复选框，如图 4-37(a)所示，单击“确定”按钮，数据列表将按班级汇总“期末成绩”和“总评成绩”平均分。

(6)再次进入“分类汇总”对话框，保持分类字段和汇总项不变，将“汇总方式”设为“最大值”，同时必须清除对“替换当前分类汇总”复选框的选择，如图 4-37(b)所示，然后单击“确定”按钮。

(7)重复步骤(6),继续增加对“最小值”的汇总,这样汇总结果就依次包含了各班级的平均分、最高分和最低分。“分类汇总”结果如图 4-38 所示。

(a)汇总平均值

(b)汇总最大值

图 4-37 “分类汇总”对话框

《计算机应用基础》课程学生成绩表

	A	B	C	D	E	F	G	H	I	J	K
3	1	2001010201	1班	男	吴子轩	62	65	85	合格	71.3	25
4	2	2001010202	1班	男	曹阳	69	70	85	合格	74.2	17
5	3	2001010203	1班	男	胡威威	89	91	95	合格	91.6	1
6	4	2001010204	1班	男	李晓辉	69	64	85	合格	71.8	23
7	5	2001010205	1班	女	赵文静	77	62	88	合格	74.3	16
8	6	2001010206	1班	男	马建平	57	67	78	合格	67.3	28
9	7	2001010207	1班	女	凌丽华	85	88	91	合格	88	4
10	8	2001010208	1班	女	马蕾	69	65	80	合格	70.7	26
11	9	2001010209	1班	女	宋丹	47	56	70	不合格	57.5	32
12	10	2001010210	1班	男	吴家龙	51	64	90	合格	67.9	27
13			1班 最小值				56			57.5	
14			1班 最大值				91			91.6	
15			1班 平均值				69.5			73.45	
16	11	2002010201	2班	男	刘新宇	67	61	90	合格	71.5	24
17	12	2002010202	2班	女	方玲	75	78	95	合格	82.2	8
18	13	2002010203	2班	女	郑霞	68	73	90	合格	75.7	13
19	14	2002010204	2班	男	李亚华	82	80	90	合格	83.6	6
20	15	2002010205	2班	男	王伟	67	70	90	合格	75.1	15
21	16	2002010206	2班	女	吴梅	80	72	90	合格	79.8	11
22	17	2002010207	2班	男	丁子威	73	61	90	合格	73.3	21
23	18	2002010208	2班	男	程永强	55	63	80	合格	65.7	31
24	19	2002010209	2班	男	曹飞飞	62	89	65	合格	73.7	19
25	20	2002010210	2班	女	丁蓉	45	58	65	不合格	56.2	35
26			2班 最小值				58			56.2	
27			2班 最大值				89			83.6	
28			2班 平均值				70.5			73.68	
29	21	2003010201	3班	男	吴旭福	72	81	92	合格	81.6	9
30	22	2003010202	3班	女	陈慧慧	92	75	90	合格	84.6	5
31	23	2003010203	3班	男	朱安国	80	70	84	合格	77.2	12
32	24	2003010204	3班	女	汪婷婷	60	58	85	合格	66.7	29
33	25	2003010205	3班	男	汪志全	89	83	97	合格	89	3
34	26	2003010206	3班	女	安晓慧	50	55	65	不合格	56.5	34
35	27	2003010207	3班	女	王丹	76	79	90	合格	81.4	10
36	28	2003010208	3班	男	张思源	65	58	80	合格	66.4	30
37	29	2003010209	3班	男	柯志斌	66	69	85	合格	72.9	22
38	30	2003010210	3班	男	吕建州	65	73	90	合格	75.7	13
39			3班 最小值				55			56.5	
40			3班 最大值				83			89	
41			3班 平均值				69.3			75.2	
42			总计最小值				55			56.2	
43			总计最大值				91			91.6	
44			总计平均值				69.9			74.1	

数字格式 | 排序 | 自动筛选 | 自定义筛选 | 高级筛选 | 分类汇总 | 数据透视表

图 4-38 “分类汇总”结果

说明：在进行分类汇总时，Excel会自动对列表中的数据进行分级显示，在工作表窗口左边会出现分级显示区，列出一些分级显示符号，允许对数据的显示进行控制。

在默认情况下，数据按三级显示，可以通过单击工作表左侧分级显示区上方的1、2、3、4、5五个按钮进行分级显示控制。在图4-38中，单击1按钮，工作表中将只显示列标题和总计结果；单击2、3、4按钮，工作表中将显示各班级的分类汇总结果和总计结果；单击5按钮将显示所有的详细数据。分级显示区中有+、-分级显示按钮。+表示单击该按钮，工作表中数据的显示由高一级向低一级展开；-表示单击该按钮，工作表中数据的显示由低一级向高一级折叠。

当不需要分类汇总表时，单击“数据”菜单下的“分类汇总”命令，在打开的“分类汇总”对话框中单击“全部删除”按钮，恢复工作表。

4. 创建“数据透视表”

要求：按“班级”汇总各班级“总评成绩”的平均值，以及“期末成绩”的最高分和最低分。

操作步骤：

(1)在“数据透视表”工作表中单击数据区域任意一个单元格，在“插入”选项卡“表格”组中单击“数据透视表”选项，打开“创建数据透视表”对话框。

(2)在对话框中系统会自动选择数据区域，也可以在“选择一个表或区域”中选择需要的区域。在“选择放置数据透视表的位置”选项组中选择“现有工作表”单选按钮，在位置栏中选择N5单元格，单击“确定”按钮，如图4-39所示。

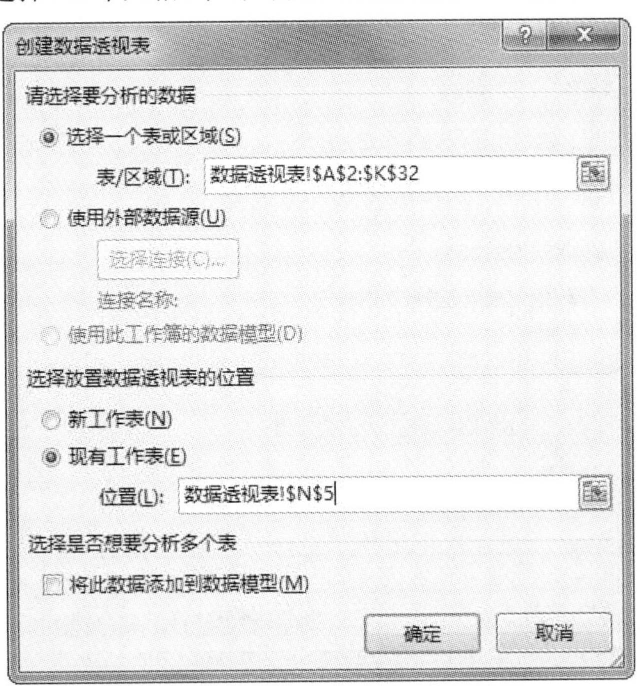

图4-39 “创建数据透视表”对话框

(3)此时工作表的右侧显示出“数据透视表字段列表”任务窗格。在任务窗格中进行如下布局设置:选择“班级”字段并按下鼠标左键将字段拖到“行标签”区域中,再分别将“总评成绩”“期末成绩”字段手动添加到“∑值”区域,如图 4-40 所示。

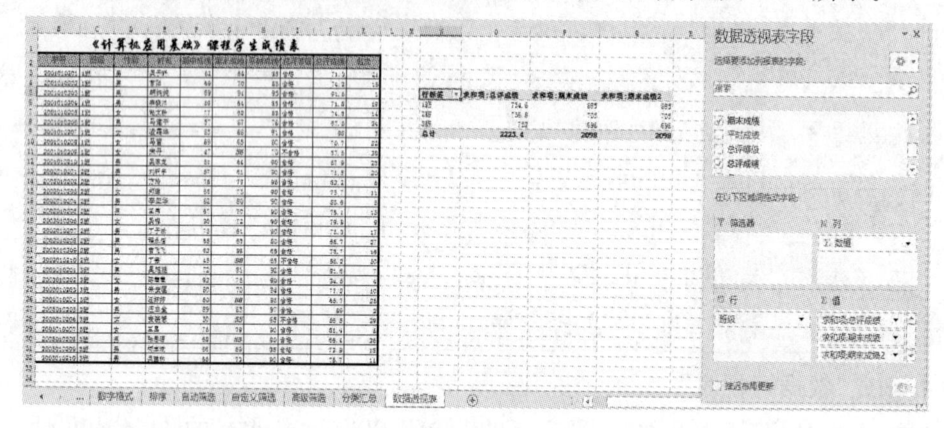

图 4-40 添加数值选项

(4)因为“总评成绩”是自动生成的求和,所以要改成求平均值,具体步骤如下。单击“数据透视表字段列表”“数值”中的“求和项:总评成绩”字段,系统会弹出菜单,选择“值字段设置”菜单项,弹出“值字段设置”对话框,在对话框的“值汇总方式”中选择计算类型为“平均值”,如图 4-41 所示。用同样的方式分别设置“期末成绩”的最高分和最低分,设置完成后单击“确定”按钮,完成数据透视表的创建,如图 4-42 所示。

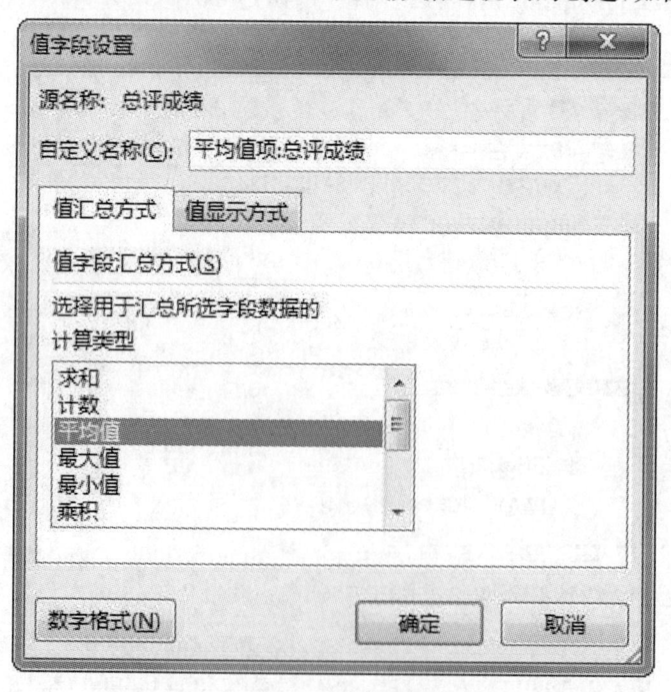

图 4-41 “值字段设置”对话框

图 4-42　创建完成的数据透视表

说明:只有将活动单元格放置在数据透视表的数据区域中,“数据透视表字段”任务窗格才会出现。

在“数据透视表字段”任务窗格中,也可以在“选择要添加到报表的字段”列表框中拖动相关字段来改变行、列标签以及数值选项。

实验四　使用图表分析表格数据

一、实验目的

(1)掌握 Excel 2016 图表的创建。

(2)掌握 Excel 2016 图表的编辑和格式化。

(3)掌握 Excel 2016 迷你图的创建。

二、实验任务

(1)在 Excel 2016 中创建图表。

(2)在 Excel 2016 工作表中编辑图表。

(3)对 Excel 2016 图表进行格式化。

(4)在 Excel 2016 工作表中创建迷你图。

三、实验内容与步骤

1. 插入图形

在“成绩表”工作表中对女同学的“期末成绩”和“总评成绩”建立一个三维簇状柱形图；分类轴为：“学号”；数值轴为：“期末成绩”和“总评成绩”；图表标题为：“女学生成绩统计图”；分类轴标题为：“学号”；数值轴标题为：“成绩”；图例位置为：底部。

操作步骤：

(1)打开“成绩表”工作表，单击“性别”所在列任一单元格，再单击“数据”选项卡“排序和筛选”组的降序按钮 Z↓A ，对“性别”字段进行排序。

(2)选择“插入”选项卡“图表”组“柱形图”下拉按钮，在下拉菜单中选择“三维簇状柱形图”，如图 4-43 所示。

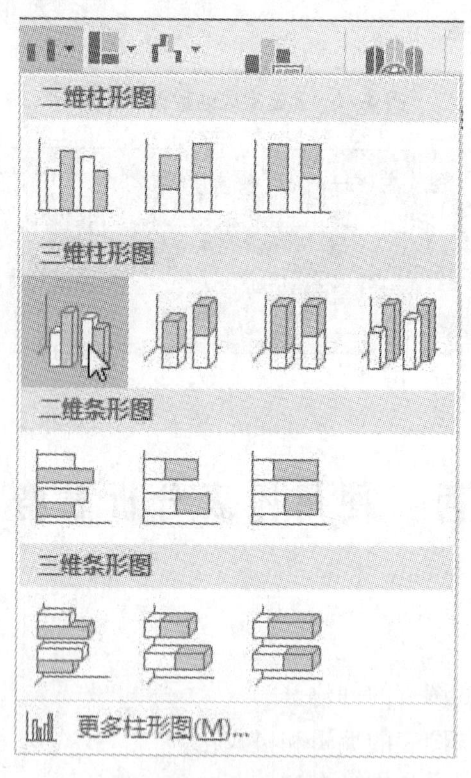

图 4-43 插入图形

(3)选择生成的空白图表，单击“图表工具”“设计”选项卡“数据”组“选择数据”命令，打开“选择数据源”对话框，在“图表数据区域”文本框中利用折叠按钮选择单元格区域“=成绩表！$G$2：$G$14”，再按住“Ctrl”键选择“成绩表！$J$2：$J$14”。在“水平(分类)轴标签”中单击“编辑”按钮，选择水平轴标签区域“=成绩表！$B$2：$B$14”，如图 4-44 所示。单击“确定”按钮，完成图表的创建。

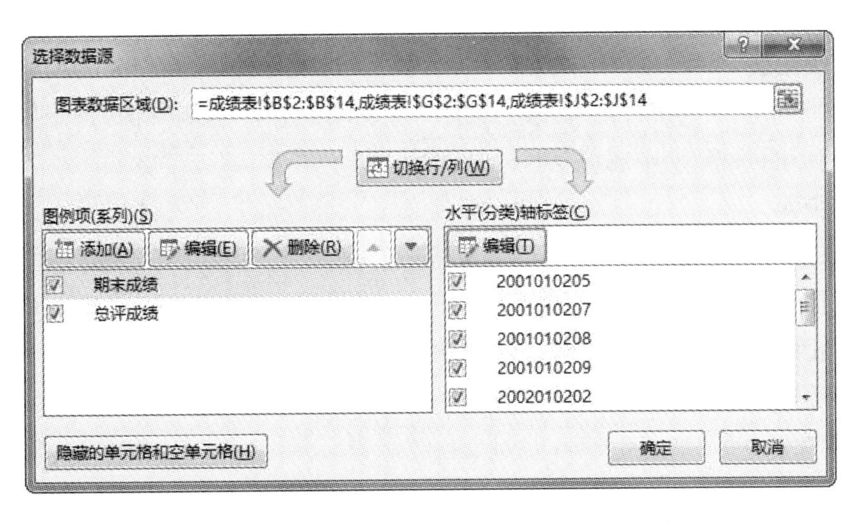

图 4-44　选择数据源

(4)单击图表任意位置,选择“图表工具”“设计”选项卡“图表布局”组的“添加图表元素”下拉按钮,从下拉菜单中选择“图表标题”选项中的“图表上方”选项,则会在图表上方出现“图表标题”文本框,在文本框中输入“女学生成绩统计图”。

(5)单击图表任意位置,选择“图表工具”“设计”选项卡“图表布局”组的“添加图表元素”下拉按钮,首先从下拉菜单中选择“轴标题”选项中的“主要横坐标轴”,则会在图表下方出现“坐标轴标题”文本框,在文本框中输入“学号”。再选择“主要纵坐标轴”选项,则会在图表左方出现“坐标轴标题”文本框,在文本框中输入“成绩”。

(6)继续选择“图表工具”“设计”选项卡“图表布局”组的“添加图表元素”下拉按钮,在“图例”选项中选择“底部”,则图例移动到图表的下方。设置完成的图表如图4-45所示。

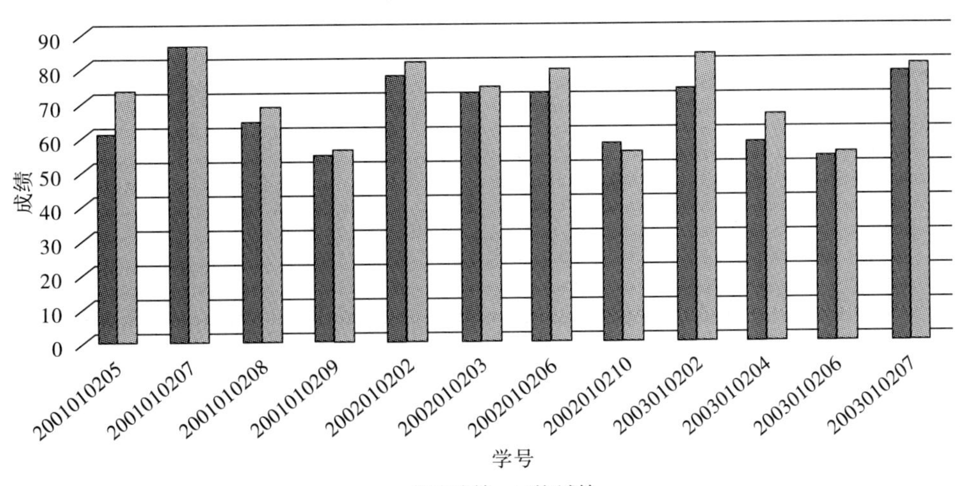

图 4-45　设置完成的图表

2. 修改图表

改变“女学生成绩统计图”图表的大小；将图例改放在“右侧”；将原有图表类型改为“簇状柱形图”；将“期中成绩”项添加到图表中。

操作步骤：

(1)改变图表的大小：单击图表，拖动左、右边框的控制点，扩大或缩小图表，使图表显示完整美观。

(2)修改图例位置：选择“图表工具”“设计”选项卡“图表布局”组的“添加图表元素”下拉按钮，在“图例”选项中选择“右侧”选项，则图例移动到图表的右边。

(3)改变图表类型：单击插入的图表，在“图表工具”“设计”选项卡“类型”组中单击“更改图表类型”，打开“更改图表类型”对话框，选中“所有图表”选项卡，再在右侧的“柱形图”中选择“簇状柱形图”，如图 4-46 所示。单击“确定”按钮即可改变图表类型，改变的图形如图 4-47 所示。

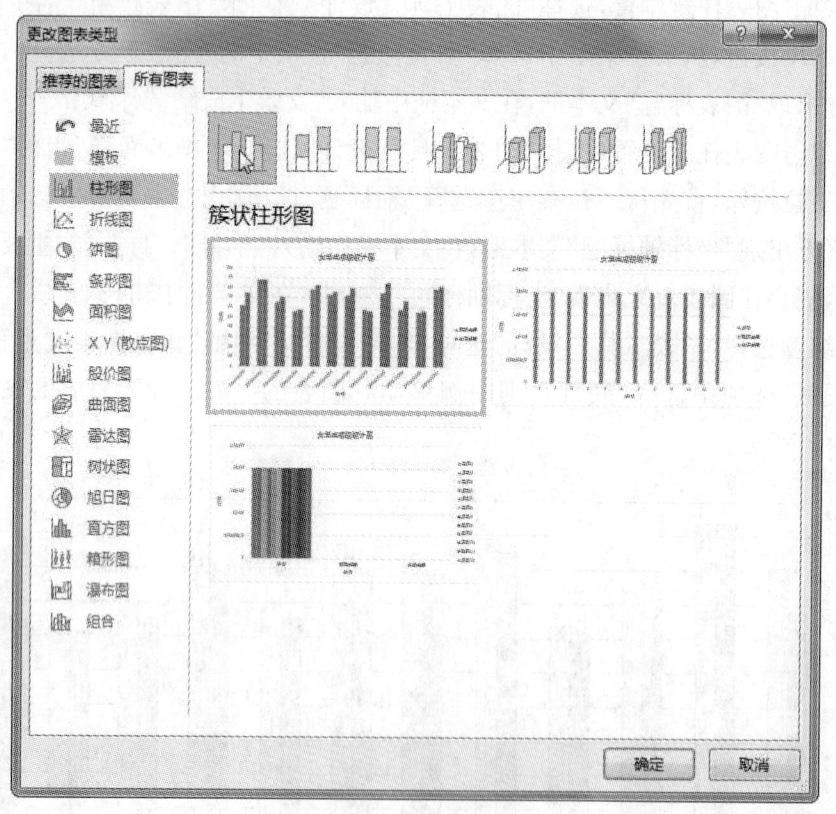

图 4-46 “更改图表类型”对话框

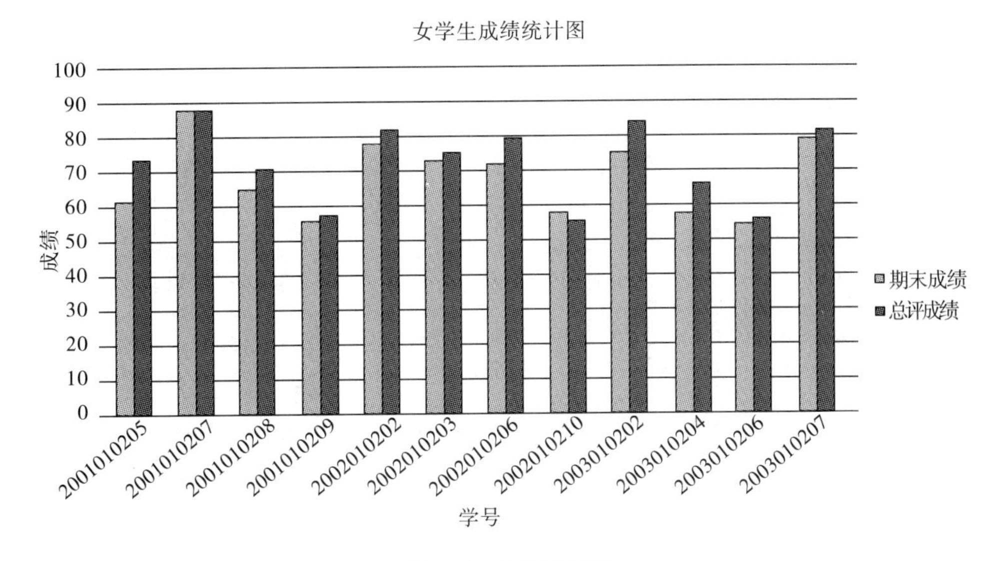

图 4-47　改变的图形

(4)在图表中添加数据：单击插入的图表，在“图表工具”“设计”选项卡“数据”组中单击“选择数据”，打开“选择数据源”对话框，在对话框中单击“图例项”中的“添加”按钮，如图 4-44 所示，弹出“编辑数据系列”对话框，在“系列名称”编辑框中利用折叠按钮选择 F2 单元格，然后单击系列值编辑框右边的按钮，回到工作表中添加 F3:F14单元格区域，如图 4-48 所示。单击“确定”按钮后，图表将根据数据的改变而改变，添加数据后的图形如图 4-49 所示。

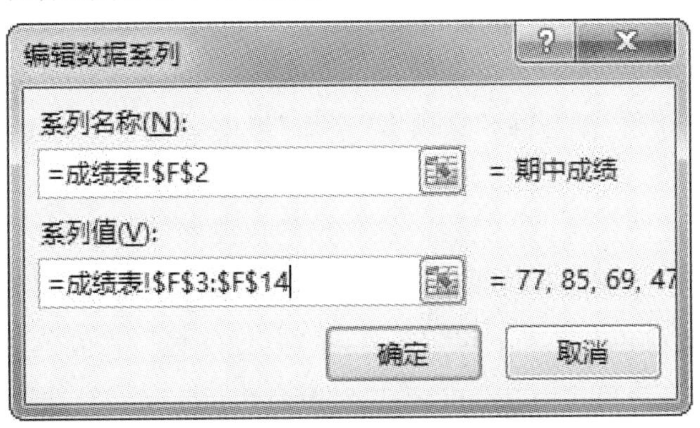

图 4-48　“编辑数据系列”对话框

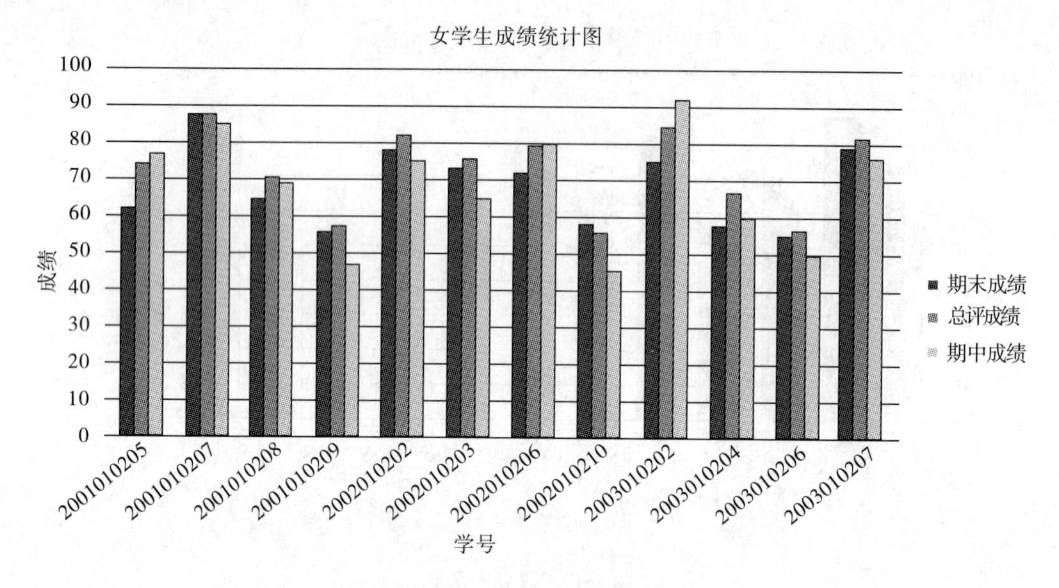

图 4-49　添加数据后的图形

说明：在图表中删除数据可以直接单击要删除的数据项，右击鼠标，在弹出的快捷菜单中单击“删除”按钮。

3. 设置图形格式

对完成的“女学生成绩统计图”进行格式化设置，将图表标题设置成隶书、加粗、20号字、蓝色。将绘图区设置成自定义颜色，将图表区域设置成白色大理石。将“期中成绩”数据系列颜色改为渐变(颜色自动)。

操作步骤：

(1)选择图表标题，在“开始”选项卡“字体”组中设置字体为隶书，加粗，字号为20，字体颜色为蓝色。

(2)选择图表绘图区域，右击鼠标，在弹出的快捷菜单中单击“设置绘图区格式”菜单命令，在工作表右侧的“设置绘图区格式”对话框中选择“填充”选项，在下方选择“纯色填充”，单击“颜色”下拉按钮，选择“其他颜色”，在颜色对话框中选择“自定义”标签。选择颜色模式为“RGB”模式，选择红色(R)为255、选择绿色(G)为230、选择蓝色(B)为160，单击“确定”按钮完成设置，如图4-50所示。

图 4-50　颜色设置

(3)选择图表区域,在“图表工具”“格式”选项卡“形状样式”组中打开“形状填充”下拉按钮,在下拉菜单中选择“纹理”“白色大理石”纹理,如图 4-51 所示。

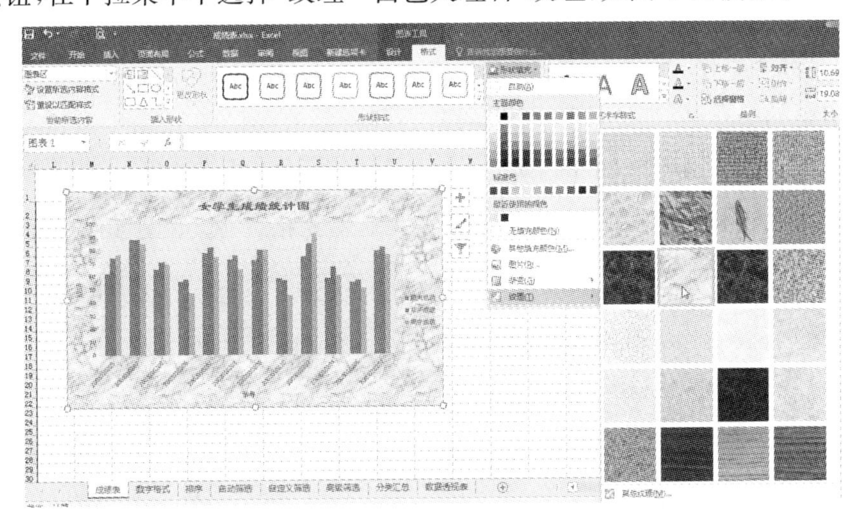

图 4-51　纹理填充

(4)在图表“期中成绩”数据系列上右击,在弹出的快捷菜单中单击“设置数据系列格式”菜单命令,在表格右侧弹出的“设置数据系列格式”对话框中单击“填充与线条”图标,在“填充”选项中选择“渐变填充”,设置颜色后完成设置。格式化后的图形如图 4-52 所示。

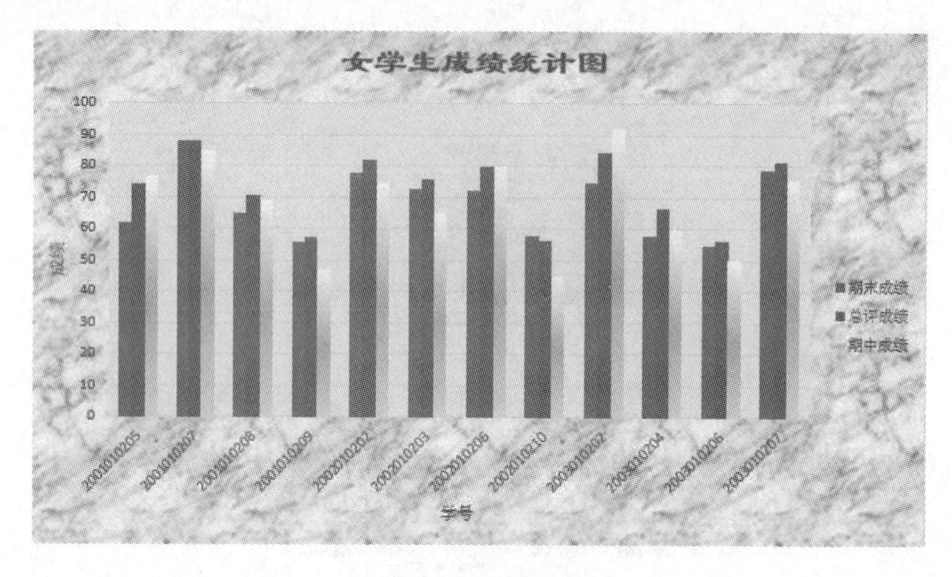

图 4-52 格式化后的图形

4. 创建迷你图

在"排序"工作表中根据男同学的"总评成绩"创建一个柱形图迷你图。

操作步骤:

打开"排序"工作表,单击"性别"所在列任一单元格,再单击"数据"选项卡"排序和筛选"组中的升序按钮,对"性别"字段进行排序。在 M2 单元格中单击,单击"插入"选项卡"迷你图"组的"柱形图"命令。弹出"创建迷你图"对话框,单击数据范围编辑框右边的▣按钮,回到工作表中选择 J3:J20 单元格区域,如图 4-53 所示。单击"确定"按钮完成迷你图创建,如图 4-54 所示。

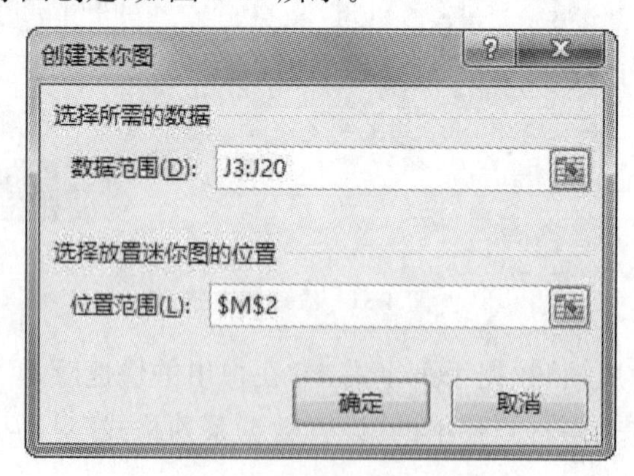

图 4-53 "创建迷你图"对话框

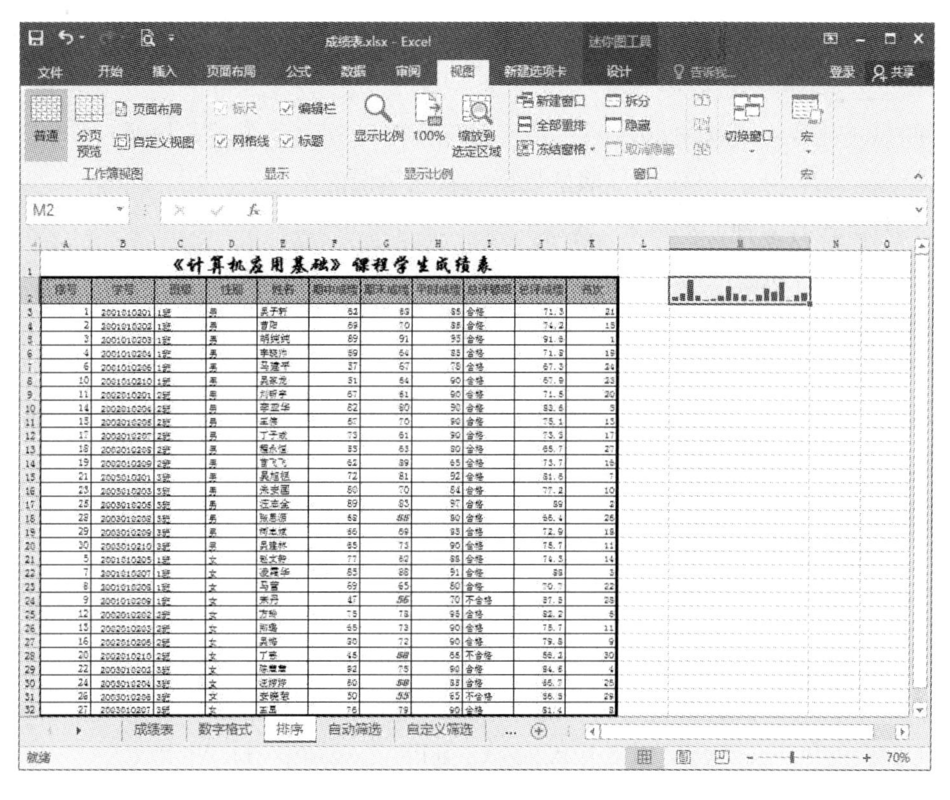

图 4-54 完成后的迷你图

习 题 四

一、单项选择题

1. 下列对 Excel 2016 工作表的描述中,正确的是______。

   A. 一个工作表可以有无穷个行和列

   B. 工作表不能更名

   C. 一个工作表就是一个独立存储的文件

   D. 工作表是工作簿的一部分

2. 在 Excel 2016 工作表中,不能进行的操作是______。

   A. 恢复被删除的工作表　　　B. 修改工作表名称

   C. 移动和复制工作表　　　D. 插入和删除工作表

3. 启动 Excel 2016,系统会自动产生一个工作簿 Book1,并且自动为该工作簿创建______张工作表。

   A. 1　　　B. 3　　　C. 8　　　D. 10

4. 在 Excel 2016 中,在单元格内输入数字字符串“201406”,下述选项中输入方式正确的是______。

A. 201406　　B. =201406　　C. '201406　　D. "201406

5. 在 Excel 2016 中,下列对于日期型数据的叙述错误的是______。

A. 日期格式有多种显示格式

B. 不论一个日期值以何种格式显示,值不变

C. 日期字符串必须加引号

D. 日期数值能自动填充

6. 在 Excel 2016 中,当输入的字符串长度超过单元格的长度范围,且其右侧相邻单元格为空时,在默认状态下字符串将______。

A. 超出部分被截断删除　　B. 超出部分作为另一个字符串存入 B1 中

C. 字符串显示为#####　　D. 继续超格显示

7. 在 Excel 2016 工作表中,当鼠标的形状变为______时,就可进行自动填充操作。

A. 空心粗十字　　B. 向左下方箭头　　C. 实心细十字　　D. 向右上方箭头

8. 在 Excel 2016 工作表中,______是混合地址引用。

A. C7　　B. $B$3　　C. $F8　　D. A1

9. 在 Excel 2016 中,为了加快输入速度,在相邻单元格中输入“二月”到“十月”的连续字符时,可使用______功能。

A. 复制　　B. 移动　　C. 自动计算　　D. 自动填充

10. 在 Excel 2016 工作表中,A1、A2 单元格中数据分别为 2 和 5,若选定 A1:A2 区域并向下拖动填充柄,则 A3:A6 区域的数据序列为______。

A. 6,7,8,9　　B. 3,4,5,6　　C. 2,5,2,5　　D. 8,11,14,17

11. 在 Excel 2016 单元格中输入“="DATE"&"TIME"”,所产生的结果是______。

A. DATETIME　　B. DATE+TIME　　C. 逻辑值“真”　　D. 逻辑值“假”

12. 在 Excel 2016 中,下列公式格式中错误的是______。

A. A5=C1*D1　　B. A5=C1/D1

C. A5=C1:“OR”D1　　D. A5=OR(C1,D1)

13. 在 Excel 2016 中,工作表的 D3 单元格中存在公式:“=B3+C3”,则执行了在工作表第二行插入一新行的操作后,原单元格中的内容为______。

A. =B3+C3　　B. =B4+C4　　C. 出错　　D. 空白

14. 在 Excel 中,若在工作簿 Book1 的工作表 Sheet2 的 C1 单元格内输入公式时,需要引用 Book2 的 Sheet1 工作表中 A2 单元格的数据,则正确的引用格式为______。

A. Sheet1! A2　　B. Book2! Sheet1(A2)

C. BookSheet1A2　　D. [Book2]sheet1! A2

15. 在 Excel 2016 中，下列说法正确的是______。
A. 利用菜单的“删除”命令可选择删除单元格所在的行或单元格所在的列
B. 利用菜单的“清除”命令可清除单元格中的全部数据和单元格本身
C. 利用菜单的“清除”命令只可清除单元格本身
D. 利用菜单的“删除”命令只可删除单元格所在的行

16. 在 Excel 2016 中，单元格 A1 的数值格式被设为整数，当输入“5.08”时，屏幕显示为______
A. 3.08　　B. 5.1　　C. 5　　D. 5.00

17. 已知在 Excel 2016 工作表中，“职务”列的四个单元格中的数据分别为“厅长”“处长”“科长”和“主任”，则按字母升序排序的结果为
A. 厅长、处长、主任、科长　　B. 科长、主任、处长、厅长
C. 处长、科长、厅长、主任　　D. 主任、处长、科长、厅长

18. 在 Excel 2016 中，当前工作表的 B1:C5 单元格区域已经填入数值型数据，如果要计算这十个单元格的平均值并把结果保存在 D1 单元格中，则要在 D1 单元格中输入______。
A. =COUNT(B1:C5)　　B. =AVERAGE(B1:C5)
C. =MAX(B1:C5)　　D. =SUM(B1:C5)

19. 在 Excel 2016 中可以创建各类图表，其中能够显示随时间或类别变化而变化的趋势线的是______。
A. 条形图　　B. 折线图　　C. 饼图　　D. 面积图

20. Excel 2016 数据表记录了学生 5 门课的成绩，现要找出 5 门课都不及格的同学的数据，应使用______命令最为方便。
A. 查找　　B. 排序　　C. 筛选　　D. 定位

21. 在 Excel 2016 中，为单元格区域指定输入数据的______可以判断输入数据的正确性。
A. 数据格式　　B. 有效范围　　C. 正确格式　　D. 字体格式

22. 在 Excel 2016 中，要对一组数值数据求平均值，可以选用的函数是______。
A. MAX　　B. COUNT　　C. AVERAGE　　D. SUM

23. 在 Excel 中，选择活动单元格输入一个数字后，按住______键拖动填充柄，所拖过的单元格被填入的是按 1 递增或递减的数列。
A. Alt　　B. Ctrl　　C. Shift　　D. Del

24. 在 Excel 工作表中，已知 C2、C3 单元格的值均为 0，在 C4 单元格中输入“C4=C2+C3”，则 C4 单元格显示的内容为______。
A. C4=C2+C3　　B. TRUE　　C. 1　　D. 0

二、多项选择题

1. 在 Excel 2016 中，自动填充功能可完成______。
   A. 复制　　B. 剪切
   C. 按等差序列填充　　D. 按等比序列填充
2. Excel 2016 的“编辑”菜单中的“清除”命令不能______。
   A. 删除单元格　　B. 删除行
   C. 删除列　　D. 删除单元格的格式
3. 在 Excel 2016 中，下列叙述中正确的有______。
   A. 移动公式时，公式中单元格引用将保持不变
   B. 复制公式时，公式中单元格引用会根据引用类型自动调整
   C. 移动公式时，公式中单元格引用将自动调整
   D. 复制公式时，公式中单元格引用将保持不变
4. 在 Excel 2016 中，有关行高的叙述错误的有______。
   A. 整行的高度是一样的
   B. 系统默认设置行高自动以本行中最高的字符为准
   C. 行高增加时，该行各单元格中的字符也随之自动增大
   D. 一次可以调整多行的行高
5. 在 Excel 2016 工作表中，正确的单元格地址有______。
   A. A$5　　B. $A5　　C. $A$5　　D. 5A
6. 在 Excel 2016 单元格中，下列输入公式格式正确的是______。
   A. =SUM(3,4,5)　　B. =SUM(A1:A6)
   C. =SUM(A1;A6)　　D. =SUM(A1A6)
7. 在 Excel 2016 中，下列关于数据排序的叙述中，正确的有______。
   A. 可以按指定的关键字递增排序　　B. 可以按指定的关键字递减排序
   C. 最多可以指定三个关键字排序　　D. 可以指定任意多个关键字排序
8. 在 Excel 2016 中，下列关于筛选的叙述中，正确的有______。
   A. 筛选可仅显示符合条件的数据，其余数据不显示，而未被删除
   B. 筛选包括自动筛选和高级筛选
   C. 筛选和排序本质上是一样的
   D. 进行自动筛选时不能自定义筛选条件
9. 下列对于 Excel 2016 工作表的操作中，能选取单元格区域 A1:C9 的是______。
   A. 单击 A1 单元格，然后按住 Shift 键单击 C9 单元格
   B. 单击 A1 单元格，然后按住 Ctrl 键单击 C9 单元格
   C. 鼠标指针移动到 A1 单元格，按鼠标左键拖曳到 C9 单元格

D. 在名称框中输入单元格区域 A1:C9,然后按回车键

10. 在 Excel 2016 中,下列关于分类汇总的叙述,正确的有______。

A. 分类汇总前数据必须按关键字字段排序

B. 分类汇总的关键字字段只能是一个字段

C. 汇总方式只能是求和

D. 分类汇总可以删除

单元五 PowerPoint 2016 幻灯片制作

实验一 PowerPoint 2016 的基本操作

一、实验目的

(1)掌握幻灯片的基本操作。

(2)掌握幻灯片中文本的编辑及格式化操作。

(3)掌握在幻灯片中插入对象的操作。

(4)掌握幻灯片的版式设计。

二、实验任务

(1)认识 PowerPoint 2016 界面组成。

(2)熟练进行幻灯片的格式设置。

(3)认识文本框与占位符的基本操作。

(4)创建简单的演示文稿。

三、实验内容与步骤

1. 制作“我的基本情况”幻灯片

准备一张本人照片,制作本人基本情况介绍的幻灯片。

操作步骤:

(1)启动 PowerPoint 2016 后,系统会自动新建一张“标题”幻灯片空白演示文稿,如图 5-1 所示。

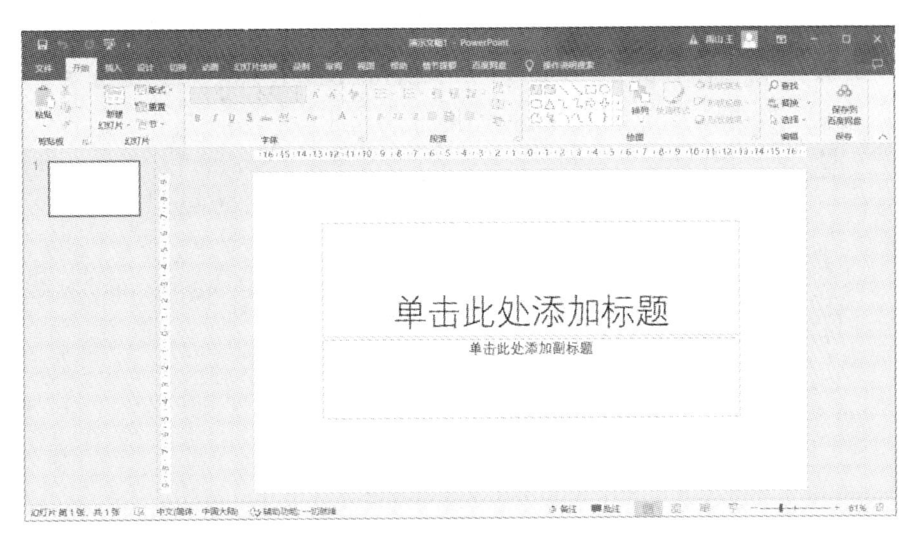

图 5-1 PowerPoint 2016 界面

(2)在工作区中,单击“单击此处添加标题”文字,输入标题字符(如“个人情况介绍”),并选中输入的字符,设置字体为华文中宋、字号为 80、颜色为蓝色。

(3)单击“单击此处添加副标题”文字,输入副标题字符(如“2020 年～2023 年”),仿照上面的方法设置好副标题的格式。标题幻灯片制作完成,效果如图 5-2 所示。

图 5-2 标题幻灯片

说明:在标题幻灯片中,不输入“副标题”字符,并不影响标题幻灯片的演示效果。

如果在演示文稿中还需要一张标题幻灯片,可以这样添加:单击“开始”选项卡,选择“新建幻灯片”选项,在弹出的“Office 主题”(如图 5-3 所示)中选择某种标题样式。

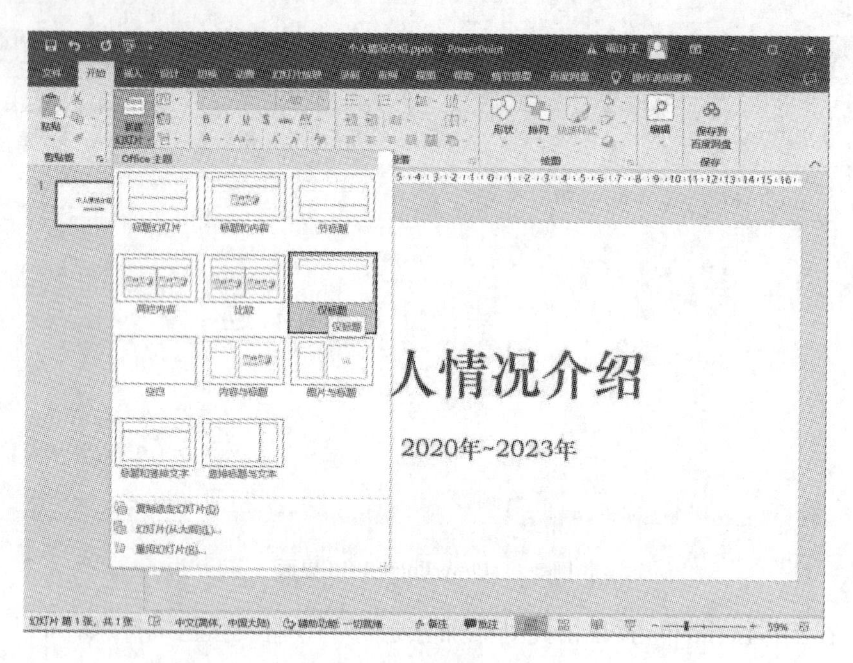

图 5-3 “Office 主题”窗口

(4)制作“我的基本情况”幻灯片，如图 5-4 所示。

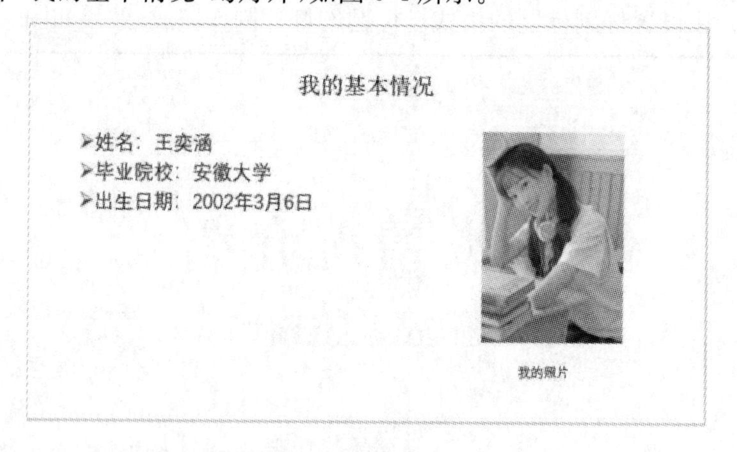

图 5-4 “我的基本情况”幻灯片

(5)新建一张幻灯片：在图 5-3 所示的“Office 主题”窗口选择“标题和内容”幻灯片版式，如图 5-5 所示。

图 5-5　“标题和内容”幻灯片版式

(6)字体设置。在幻灯片顶部的“单击此处添加标题”占位符中输入“我的基本情况”,格式为:宋体、32 号、黑色。

(7)在“单击此处添加文本”处添加如图 5-4 所示的姓名、毕业院校、出生日期等基本情况信息。

(8)项目编号设计。选中基本情况信息,单击“开始”选项卡,选择“项目符号”功能项,弹出如图 5-6 所示的“项目符号”对话框,选择一种项目符号,完成后的效果如图 5-7 所示。

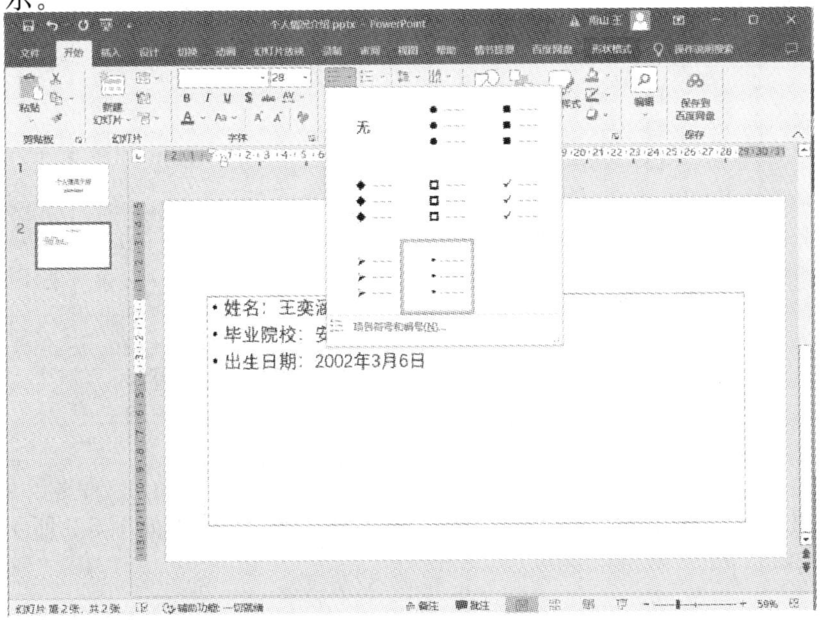

图 5-6　“项目符号”对话框

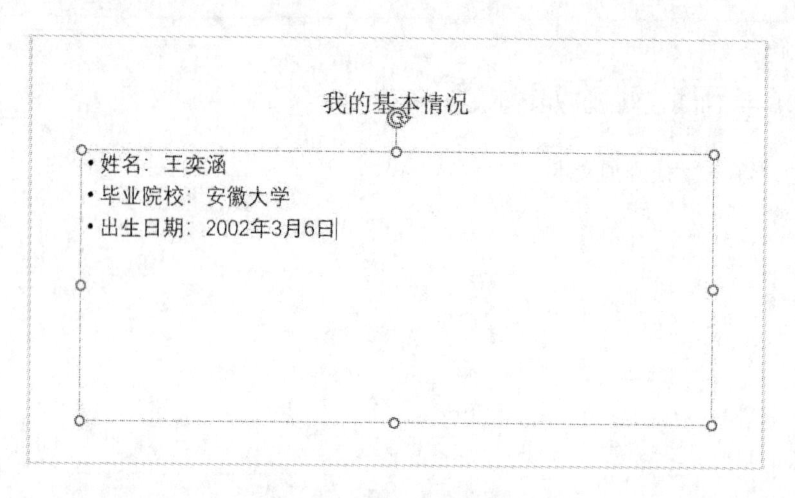

图 5-7 项目符号设计效果 1

如果要设置其他样式的项目符号和编号，可以单击“项目符号和编号”按钮，在弹出的对话框中选择合适的项目符号或编号，如图 5-8 所示。用户在该对话框中不仅可以选择项目符号和编号的样式，还可以设置项目符号和编号的大小和颜色等。

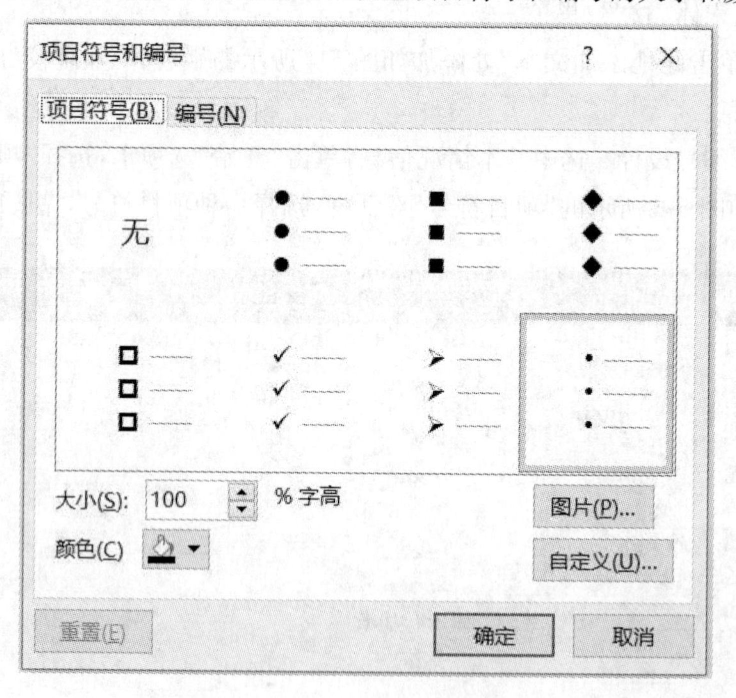

图 5-8 “项目符号和编号”对话框

在这里选择一种项目符号样式，并设置其颜色为红色，效果如图 5-9 所示。

我的基本情况

➢姓名：王奕涵
➢毕业院校：安徽大学
➢出生日期：2002年3月6日

图 5-9　项目符号设计效果 2

2. 插入照片

向“我的基本情况”幻灯片中插入照片，并对照片添加说明。

（1）选中“我的基本情况”幻灯片，单击“插入”选项卡，选择“图片”选项，打开“此设备”对话框，选择准备好的照片，单击“确定”按钮。调整照片的大小和位置（该操作与 Word 中的图片操作相同），如图 5-10 所示。

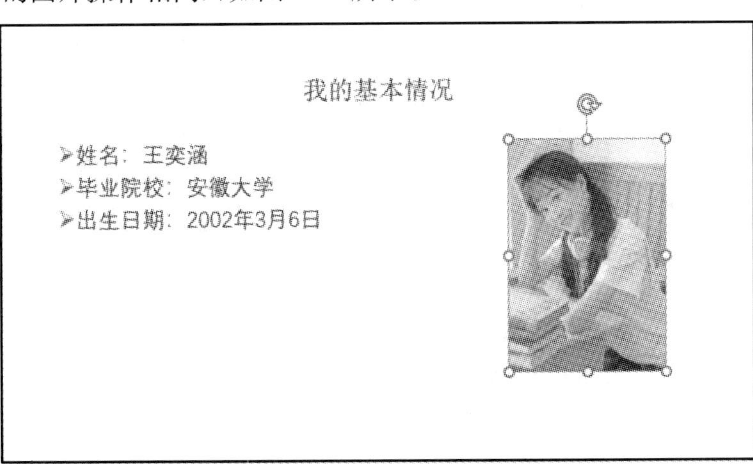

图 5-10　插入照片

（2）插入文本框对照片进行说明。单击“插入”选项卡，选择“文本框”选项，选择“横排文本框”选项，此时鼠标变成“细十字”线状，按住左键在“工作区”中拖动，即可插入一个文本框，输入文本“我的照片”。样式如图 5-11 所示。

图 5-11　插入文本框

(3)调整文本框大小。将鼠标移至文本框的四角或四边“控制点”处，当出现双向拖拉箭头时，按住左键拖拉，即可调整文本框的大小。

(4)旋转文本框。选中文本框，将鼠标移至上端控制点，此时控制点周围出现一个圆弧状箭头，按住左键挪动鼠标，即可对文本框进行旋转操作。

按照上述方法，分别制作第三张和第四张幻灯片，样式分别如图 5-12 和图 5-13 所示。

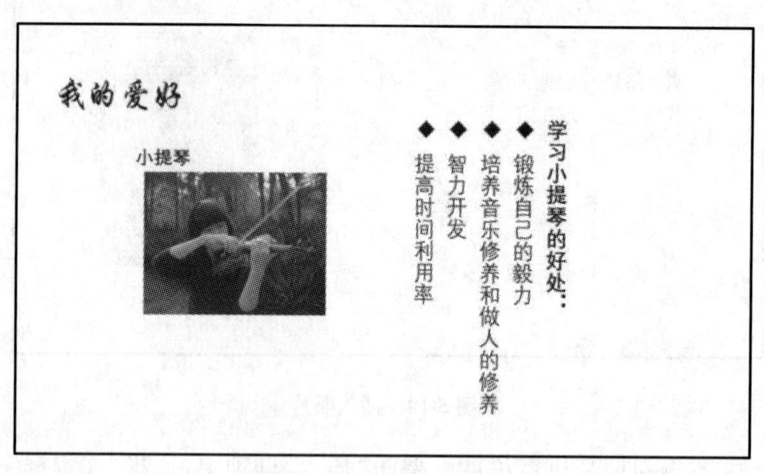

图 5-12　“我的爱好”幻灯片

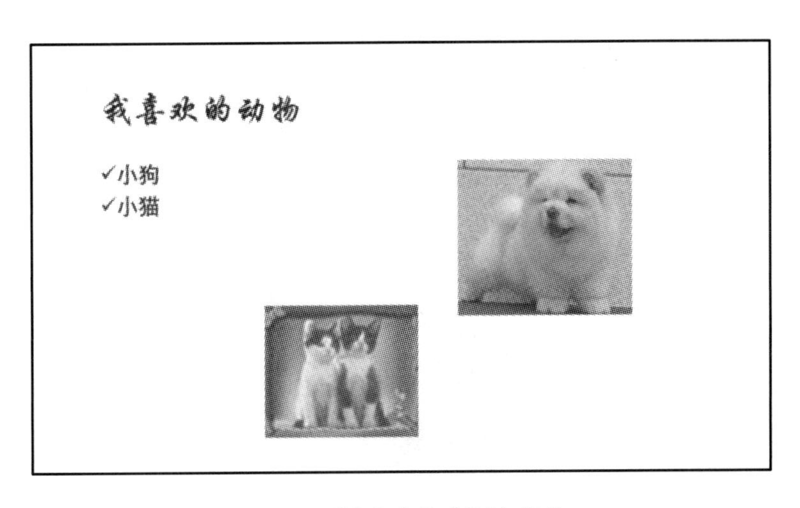

图 5-13　“我喜欢的动物”幻灯片

在制作如图 5-12 所示的幻灯片时，对“学习小提琴的好处”可以插入竖排文本框来完成。

单击 PowerPoint 窗口底部状态栏的幻灯片浏览图标，对整个幻灯片进行浏览，如图 5-14 所示。

图 5-14　制作完成的演示文稿

3. 复制幻灯片

复制“我的爱好”幻灯片，粘贴在最后，通过修改完成“我喜欢的食物”幻灯片的制作。

操作步骤：

(1)复制幻灯片。单击 PowerPoint 窗口底部状态栏的普通视图图标，将当前视图切换到普通视图模式，选中需要复制的一张或多张幻灯片(按 Ctrl 或 Shift 键可以实现多选)。在这里选中第三张“我的爱好”幻灯片，右击鼠标，在弹出的快捷菜单中选择“复制”菜单项，如图 5-15 所示。

(2)在“普通视图”列表第四张幻灯片后右击鼠标，在弹出的快捷菜单中选择“粘贴”菜单项，完成幻灯片的复制，如图 5-16所示。

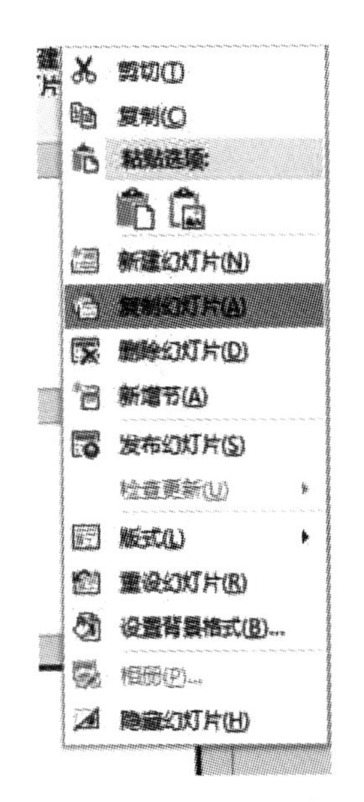

图 5-15　复制幻灯片

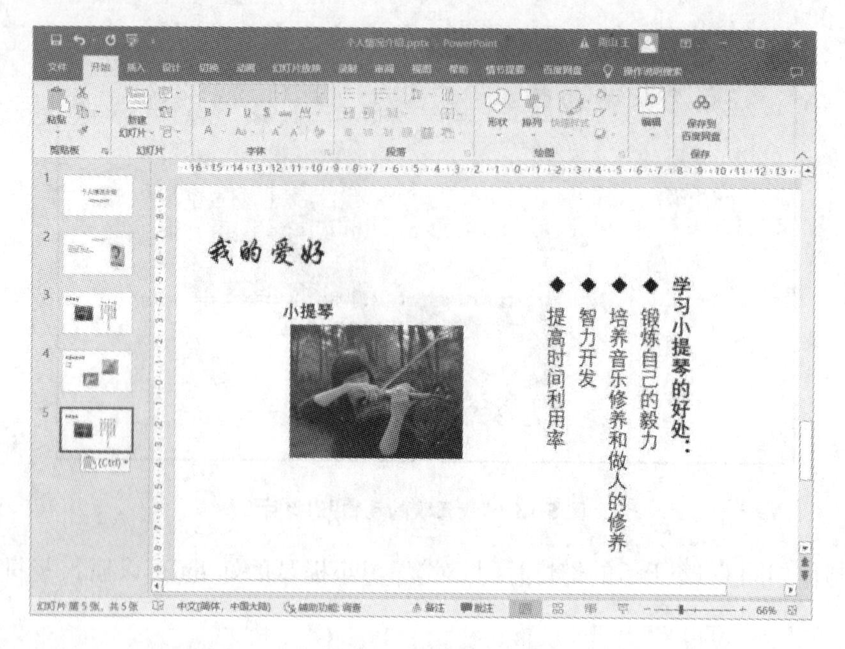

图 5-16 粘贴幻灯片

(3)对图 5-16 所示的第五张幻灯片进行修改，标题为“我喜欢的食物”，样式如图 5-17 所示。

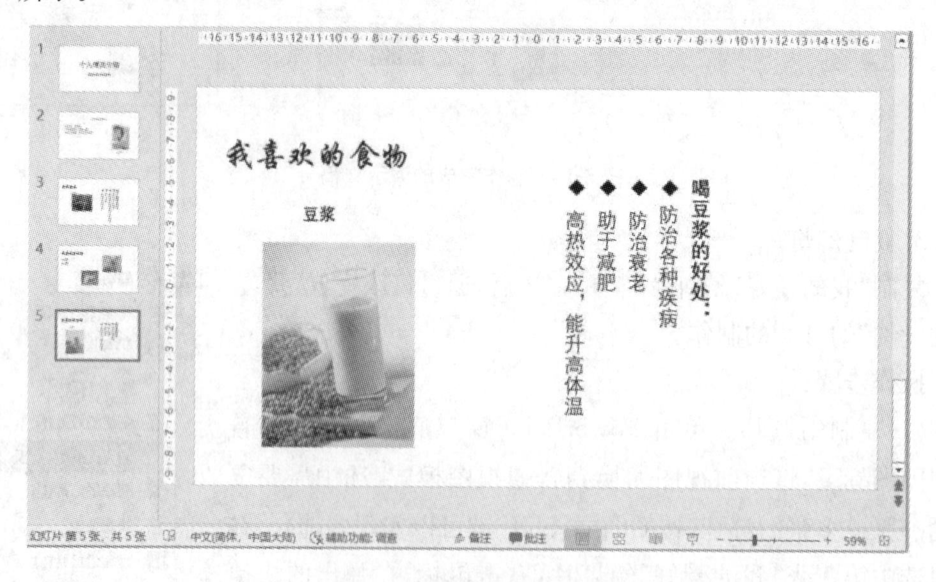

图 5-17 “我喜欢的食物”幻灯片

4. 隐藏幻灯片

将“我喜欢的动物”幻灯片移动到最后，并将该幻灯片隐藏。

操作步骤：

(1)移动幻灯片。选中“我喜欢的动物”幻灯片，按住鼠标左键拖动，将幻灯片拖至最后位置，如图 5-18 所示。

图 5-18　移动幻灯片

(2)隐藏部分幻灯片。单击“我喜欢的动物”幻灯片,单击“幻灯片放映”选项卡,单击“隐藏幻灯片”项,也可以切换到“幻灯片浏览”视图。选中“我喜欢的动物”幻灯片,右击鼠标,在弹出的快捷菜单中选择“隐藏幻灯片”菜单项,该幻灯片序号处出现一个斜杠 3 ,播放时,该幻灯片不能显示出来,如图 5-19 所示。

图 5-19　隐藏幻灯片

5. 设置背景样式

将整个幻灯片的背景主题样式设置为“平面”,并对背景样式进行修改。

操作步骤：

(1)设置背景颜色。选中第一张标题幻灯片，单击“设计”选项卡，如图 5-20 所示，选择某种主题样式，如图 5-21 所示，在这里选择“平面”，效果如图 5-22 所示。

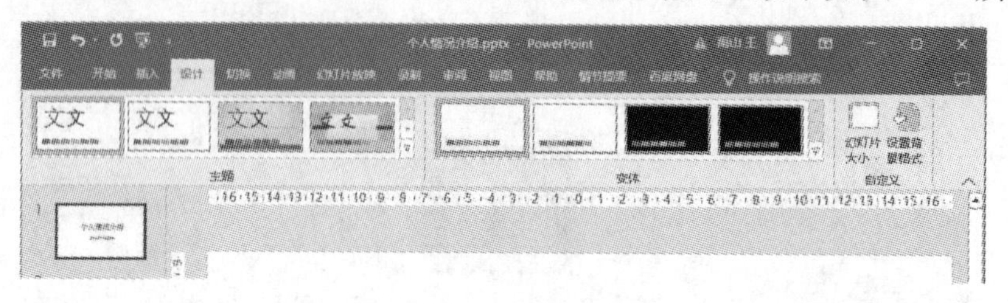

图 5-20 “设计”选项卡

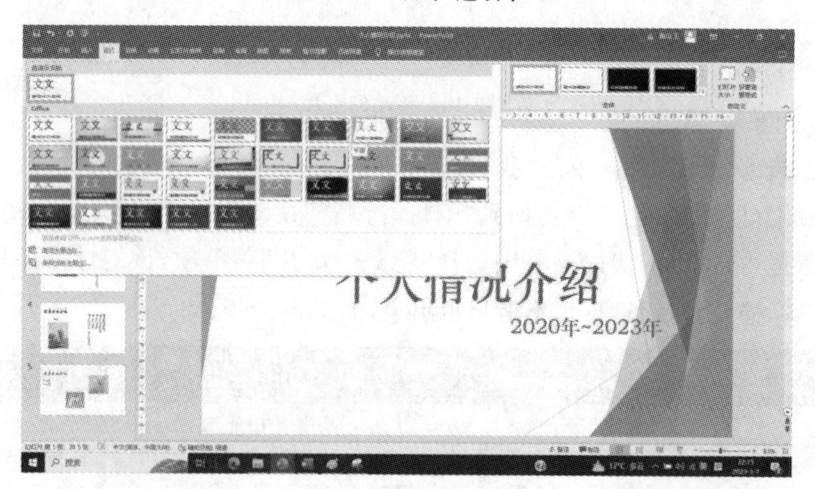

图 5-21 选择主题样式

图 5-22 应用平面主题样式效果

(2)单击“变体”下拉组合框,可以设置当前幻灯片的颜色,如图 5-23 所示。单击“背景样式”下拉组合框,可以为幻灯片选择某种背景样式,如图 5-24 所示,在这里选择“样式 6”,效果如图 5-25 所示。

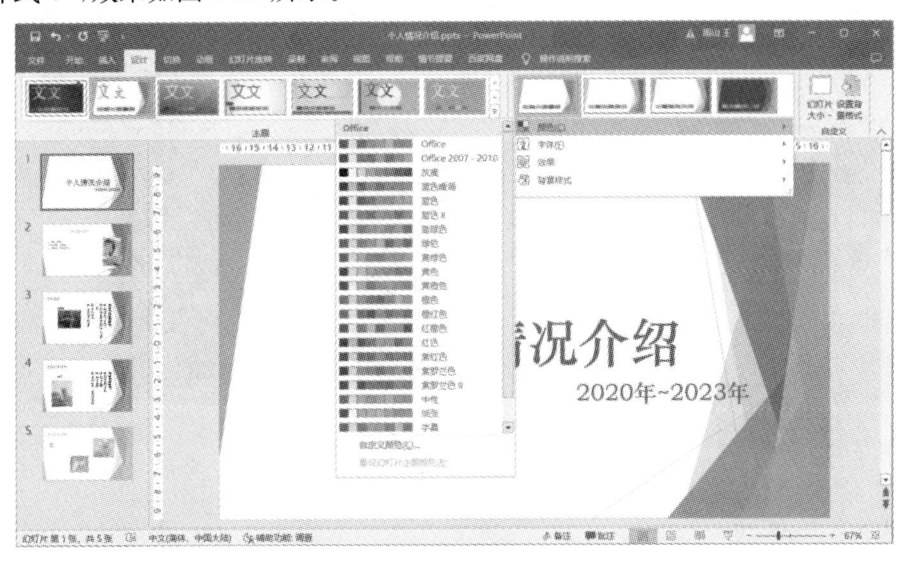

图 5-23　“颜色”选择

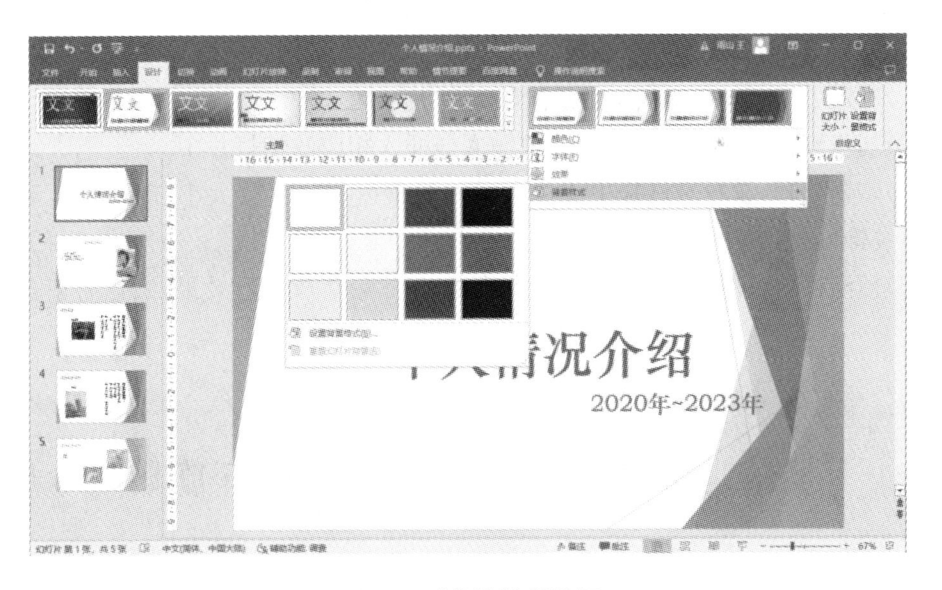

图 5-24　“背景样式”选择

图 5-25 “样式 6”背景样式效果

四、进一步提高

演示文稿的制作一般要经过下面几个步骤。

(1)准备素材:主要是准备演示文稿中所需要的一些图片、声音、动画等文件。

(2)确定方案:对演示文稿的整个构架进行设计。

(3)初步制作:将文本、图片等对象输入或插入相应的幻灯片中。

(4)装饰处理:设置幻灯片中相关对象的要素(包括字体、大小、动画等),对幻灯片进行装饰处理。

(5)预演播放:设置播放过程中的一些要素,然后播放查看效果,满意后正式输出播放。

实验二 幻灯片的动画设置与放映

一、实验目的

(1)掌握幻灯片的动画设置。

(2)掌握幻灯片的切片设置。

(3)掌握幻灯片的放映设置技巧。

(4)掌握幻灯片放映时常用的快捷键。

二、实验任务

(1)学习幻灯片的动画设置方法。

(2)学习幻灯片的放映设置技巧。

(3)认识幻灯片在放映时的切片技巧。

(4)学习幻灯片播放时间的控制。

三、实验内容与步骤

1. 设置动画效果

对“我喜欢的动物”幻灯片中的小狗、小猫图片设置“飞入”动画效果,并设置“飞入”时播放音乐;显示完成后,设置“小狗”图片退出效果为“飞出”。对“我喜欢的食物”幻灯片中的“豆浆”图片设置自定义动画路径。

操作步骤:

(1)进入动画设置。选中第五张幻灯片中的“小狗”图片,单击“动画”选项卡,如图 5-26 所示,选择“淡化”动画效果。如果要选择其他的动画效果,则可以单击“添加动画”按钮。

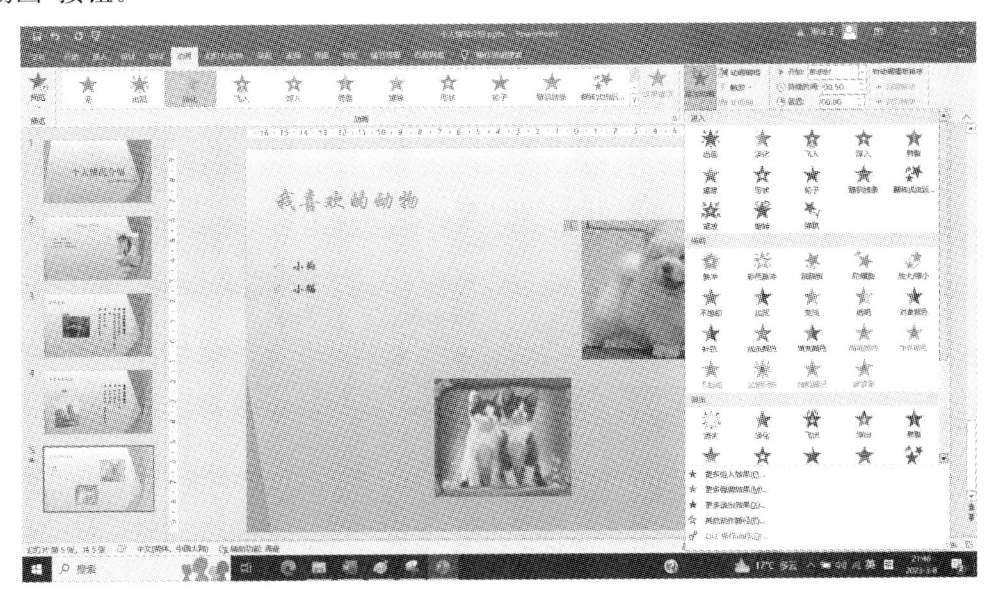

图 5-26　自定义动画设置

按上述方法,选中“小猫”图片,设置进入效果为:“飞入”。

设置好两幅图片的动画效果后,单击“动画窗格”按钮,弹出如图 5-27 所示的动画窗格界面,在其中可以对某个动画效果的“开始”方式、出现的“方向”和动画“速度”进行修改。

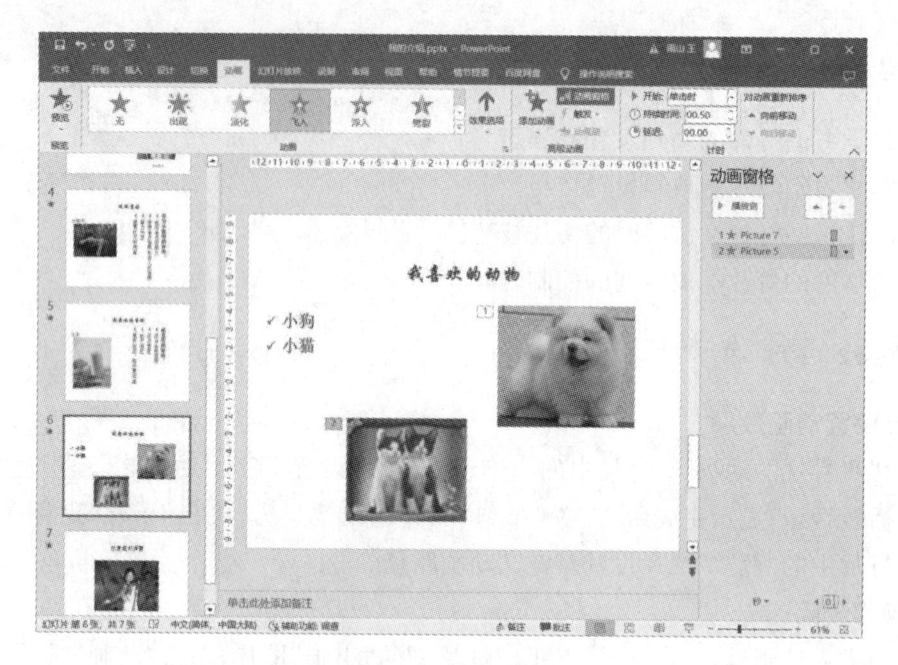

图 5-27 动画窗格

选择第一个动画 1★ 图片 3 ，单击右端的“ ”，弹出下拉菜单，如图 5-28 所示，选择“效果选项”，弹出如图 5-29 所示的对话框，对第一个动画的效果进行进一步设置。单击 ▶ 播放 按钮，预览放映效果。

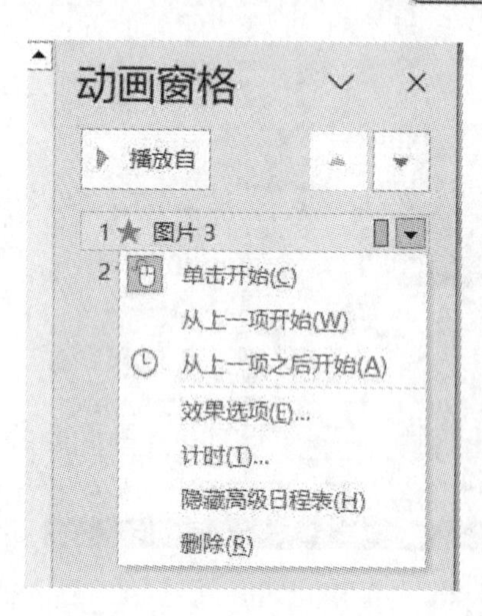

图 5-28 效果选项

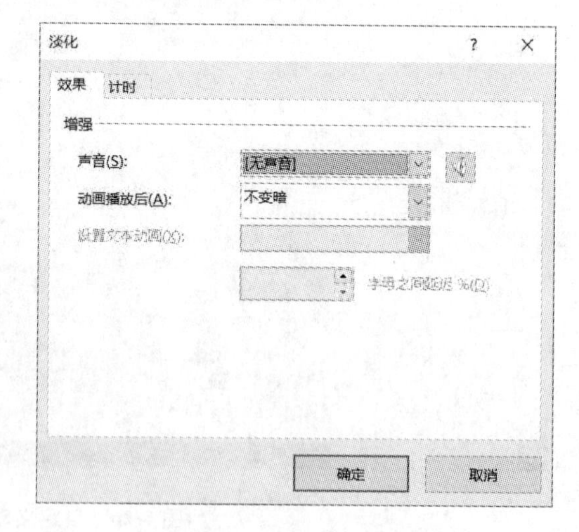

图 5-29 效果选项设置对话框

(2)退出动画的设置。如果希望某个对象在放映幻灯片过程中显示后再消失，可以在如图 5-26 所示界面中选择“更多退出效果”，在弹出的“更改退出效果”对话框中进行设置，如图 5-30 所示。

选中“小狗”图片，在图 5-30 所示的“更改退出效果”对话框中选择“飞出”效果，仿照图 5-28 所示“效果选项”的设置操作，为对象设置退出动画效果，设置完成后，单击 ▶ 播放 按钮，预览放映效果。

图 5-30 “更改退出效果”设置

> **说明：** 如果对设置的动画方案不满意，可以在任务窗格中选中不满意的动画方案，然后单击 删除 按钮即可。

(3)选中第四张幻灯片中的“豆浆”图片，在图 5-31 所示界面中单击“动作路径”项，选择“自定义路径”，此时，鼠标变成细十字线状，根据需要，在工作区中描绘，在需要变换方向的地方，单击一下鼠标。全部路径描绘完成后，双击鼠标结束绘制。单击 ▶ 播放 按钮，预览放映效果。

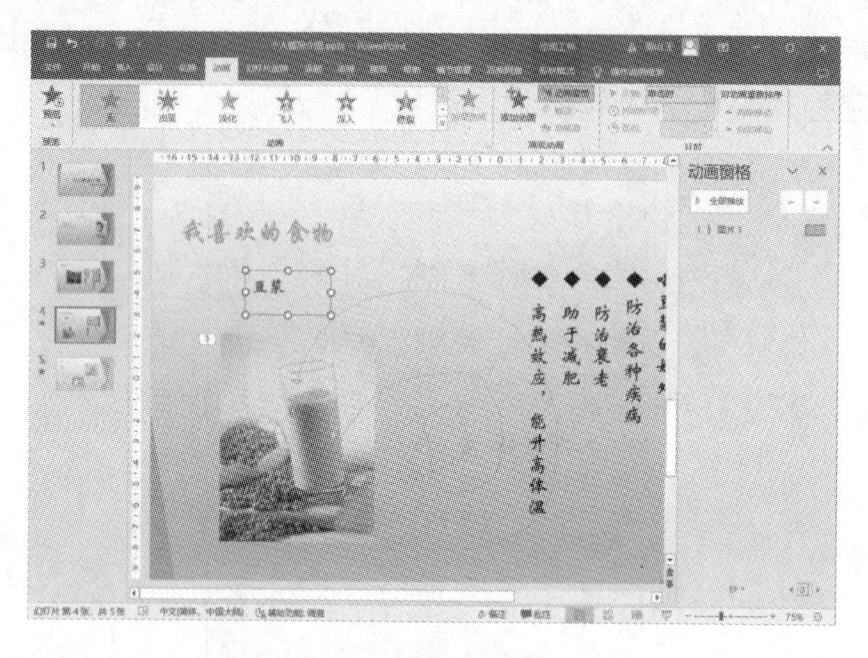

图 5-31　路径动画设置

2. 设置幻灯片的切换方式、放映方式和排练计时

设置幻灯片的切换方式为“擦除”，设置幻灯片的放映方式和排练计时方法。

操作步骤：

(1)选中一张或多张幻灯片，单击“切换”选项卡，如图 5-32 所示，选择“擦除”项。用户在这里还可以修改幻灯片的切换持续时间和声音等。

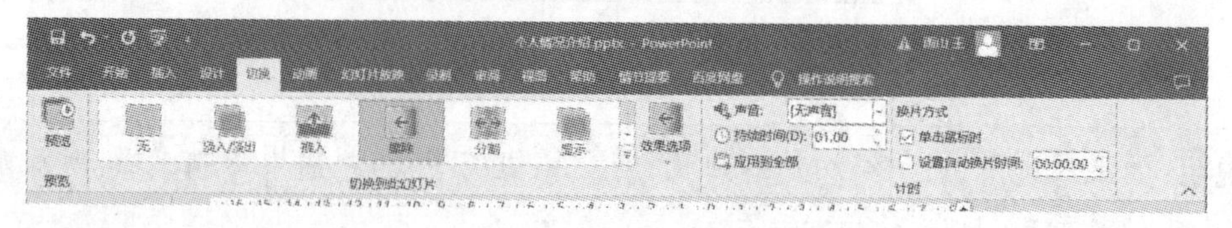

图 5-32　幻灯片切换

(2)自动放映幻灯片。

幻灯片的放映，大多数情况下是由演示者手动操作控制的。如果要让其自动放映，则需要进行排练计时。

打开相应的演示文稿，单击“幻灯片放映”选项卡，如图 5-33 所示，单击“排练计时”，进入“排练计时”状态。此时，单张幻灯片放映所用的时间和文稿放映所用的总时间显示在“录制”对话框中，如图 5-34 所示。

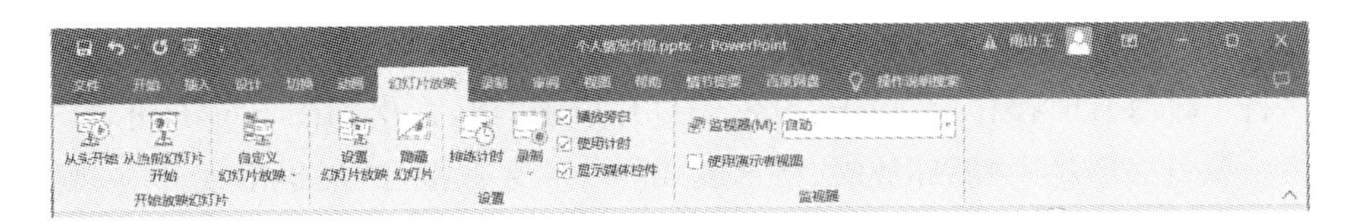

图 5-33　幻灯片放映

图 5-34　录制对话框

放映结束后，系统会弹出一个提示是否保留排练计时的对话框，如图 5-35 所示，单击其中的“是”按钮保留排练计时。

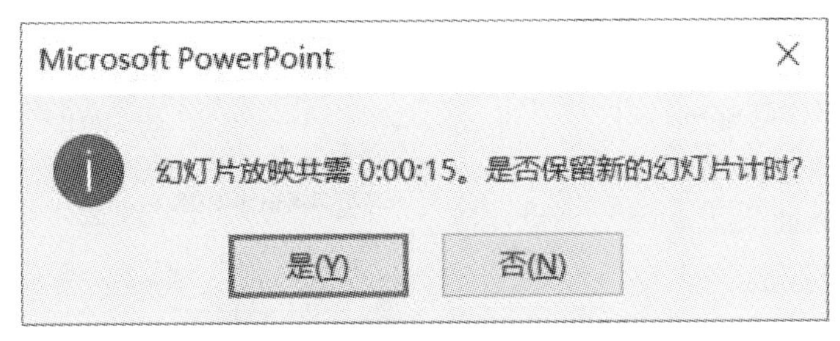

图 5-35　是否保留排练计时对话框

保存排练时间后，演示文稿自动切换到“幻灯片浏览视图”模式，如图 5-36 所示，每张幻灯片左下方显示该幻灯片在播放时使用的时间。按 F5 键观看放映效果。

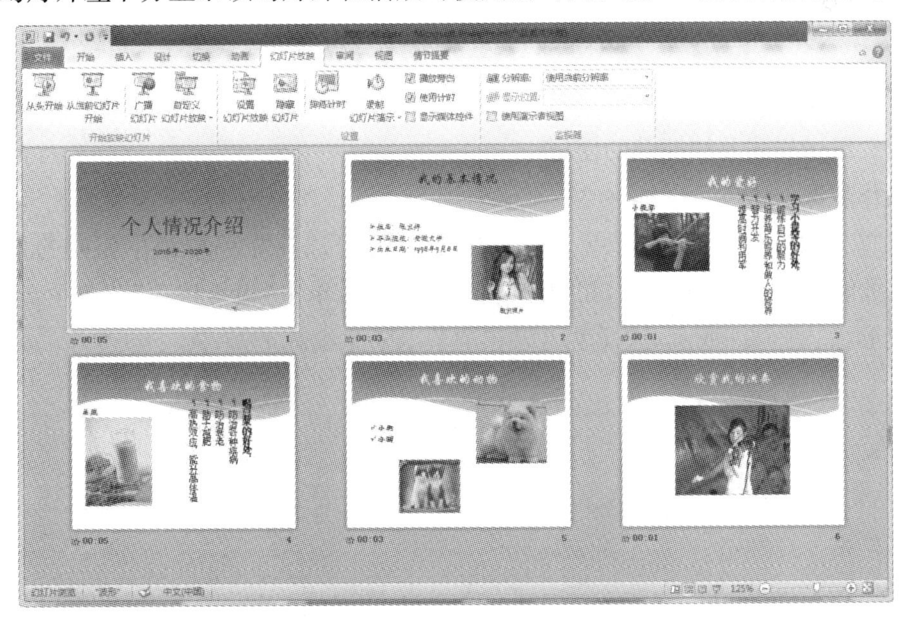

图 5-36　幻灯片浏览视图模式

(3)循环放映文稿。

进行了排练计时操作后,单击“设置幻灯片放映”项,弹出如图 5-37 所示的“设置放映方式”对话框,选中“循环放映,按 ESC 键中止”复选框和“如果出现计时,则使用它”单选按钮,单击“确定”按钮退出。

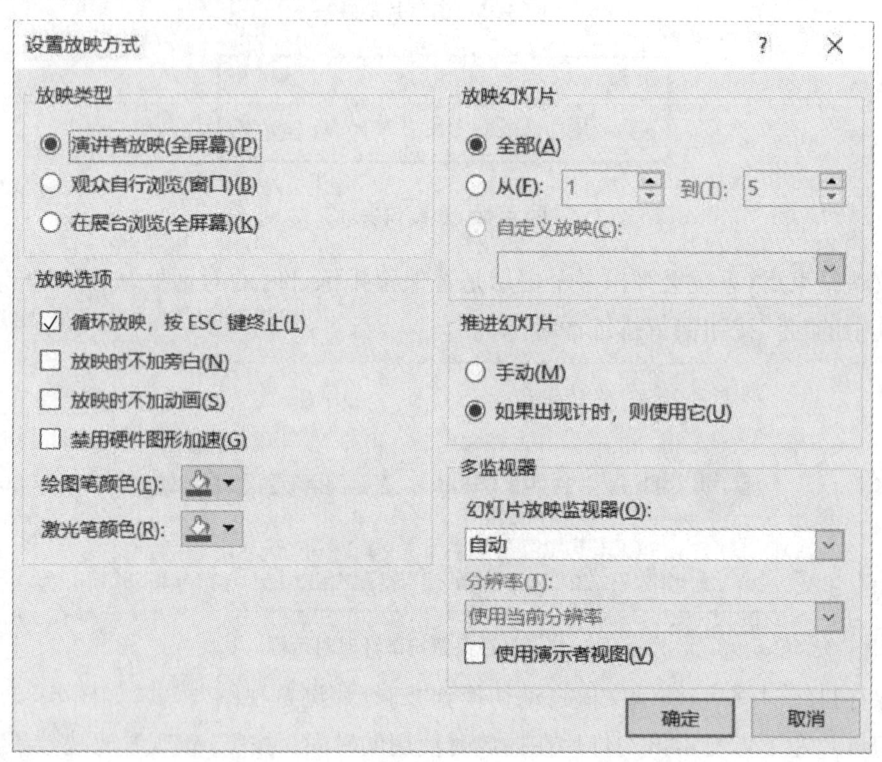

图 5-37 “设置放映方式”对话框

3. 放映技巧

设置鼠标样式及快捷键的使用。

操作步骤:

(1)在放映时指出文稿重点。在放映过程中,可以在文稿中画出相应的重点内容。在放映过程中,右击鼠标,在弹出的快捷菜单中,单击“指针选项”菜单项,选择合适的笔形,如图 5-38 所示,这样就可以在屏幕上随意绘画了。

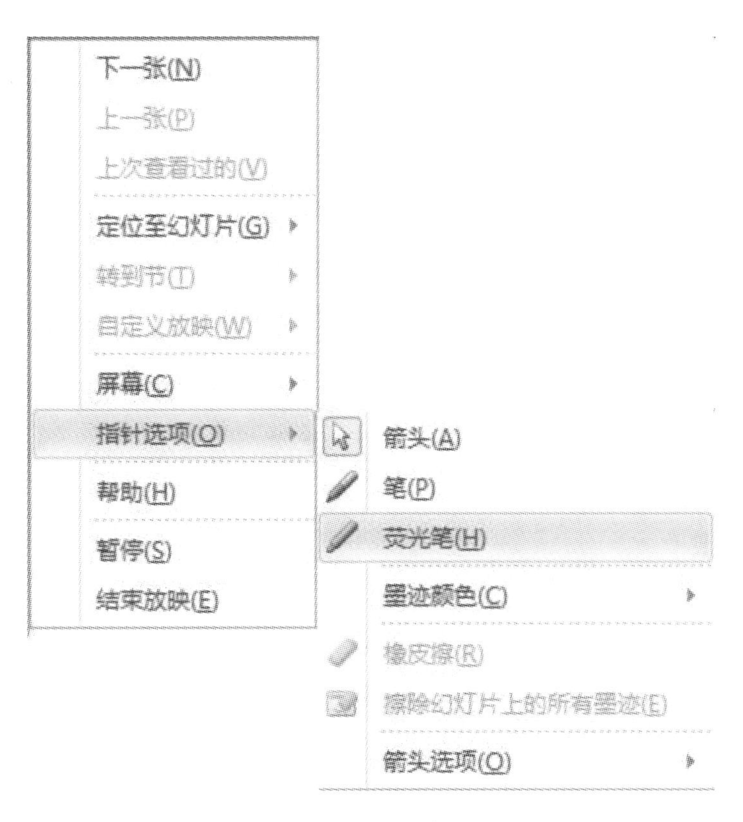

图 5-38　指针选择

(2)放映时可以使用的快捷键。在文稿放映过程中,按“B”或“.”可使屏幕暂时变黑(再按一次可恢复);按“W”或“,”可使屏幕暂时变白(再按一次可恢复);按“E”可清除屏幕上的画笔痕迹;按【Ctrl+P】快捷键可切换到“画笔”(按【Esc】键可取消);按【Ctrl+H】快捷键可隐藏屏幕上的指针和按钮;同时按住鼠标左、右键 2 秒钟,可快速回到第一张幻灯片……

在文稿放映过程中,按 F1 功能键,上述快捷键会即刻显示在屏幕上,如图 5-39 所示。

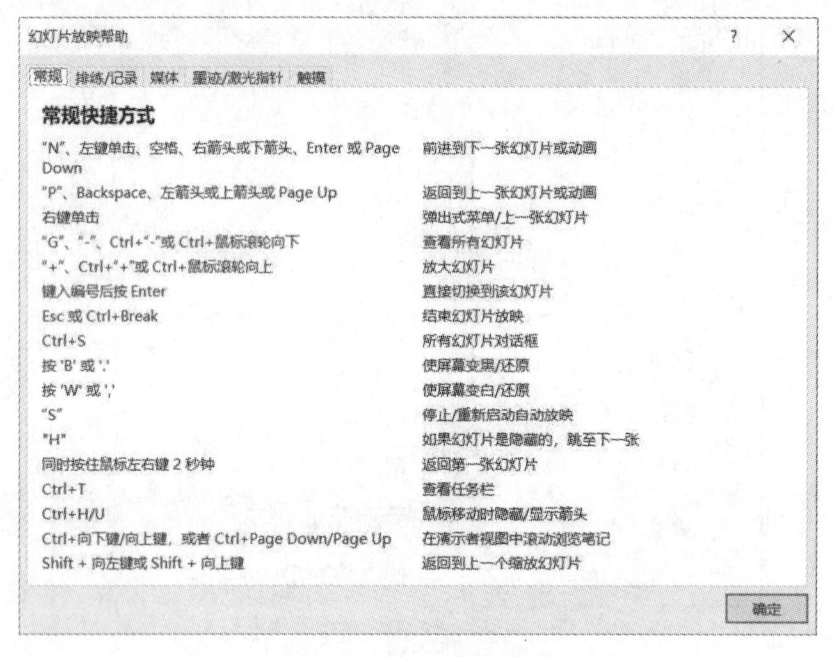

图 5-39 放映时的快捷键

四、进一步提高

制作好演示文稿后，为了保证能在没有安装 PowerPoint 2016 的电脑上播放，可以将演示文稿打包，然后拷贝到没有安装 PowerPoint 2016 的电脑上播放，步骤如下。

(1)启动 PowerPoint 2016，打开相应的演示文稿。

(2)如图 5-40 所示，单击"文件"选项卡，单击"导出"项，选择"将演示文稿打包成 CD"项，单击右侧的"打包成 CD"按钮，弹出如图 5-41 所示的"打包成 CD"对话框。

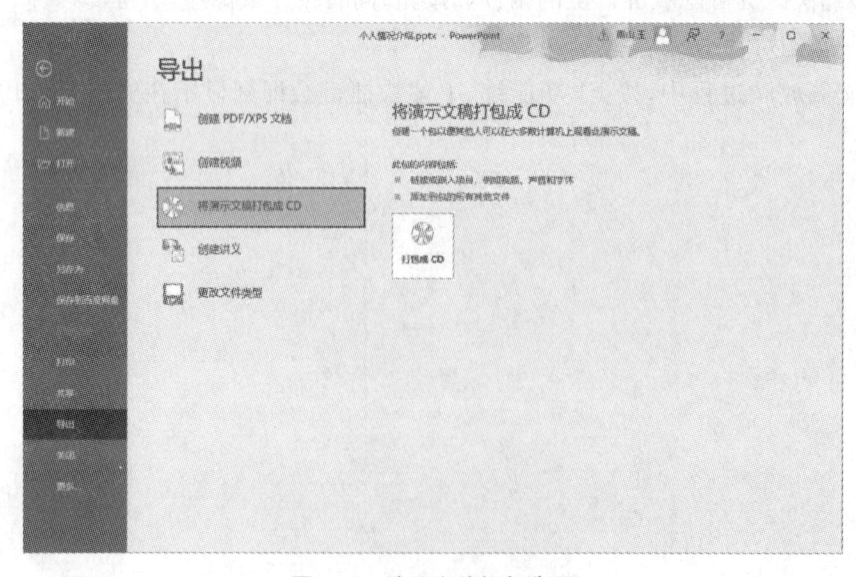

图 5-40 演示文稿打包选项

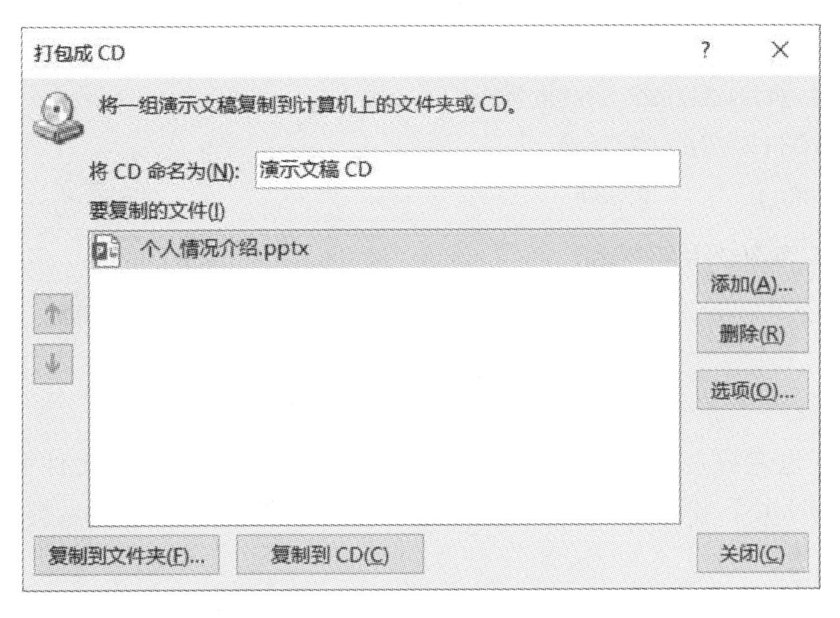

图 5-41　“打包成 CD”对话框

(3)单击如图 5-41 所示的“打包成 CD”对话框中的“选项”按钮，打开“选项”对话框，如图 5-42 所示。在“选项”对话框中，用户可以设置“打开每个演示文稿时所用密码”和“修改每个演示文稿时所用密码”。

选项
包含这些文件
(这些文件将不显示在"要复制的文件"列表中)
☑ 链接的文件(L)
☑ 嵌入的 TrueType 字体(E)
增强安全性和隐私保护
打开每个演示文稿时所用密码(O):
修改每个演示文稿时所用密码(M):
☐ 检查演示文稿中是否有不适宜信息或个人信息(I)
确定　取消

图 5-42　“选项”对话框

(4)在图 5-41 所示的“打包成 CD”对话框中，单击“复制到文件夹”按钮，弹出如图 5-43 所示的“复制到文件夹”对话框，在“文件夹名称”文本框中输入“我的介绍”，单击“浏览”按钮，选择保存位置“C:\wxf”，单击“确定”按钮完成打包。

复制到文件夹

将文件复制到您指定名称和位置的新文件夹中。

文件夹名称(N): 我的介绍

位置(L): C:\wxf 浏览(B)...

完成后打开文件夹(O)

确定 取消

图 5-43 “复制到文件夹”对话框

(5)打包完成后，打开资源管理器，如图 5-44 所示，可以在文件窗口看到 AUTORUN. INF 自动运行文件。如果选择了打包到 CD 光盘，该文件就具备了自动播放功能。

说明：以后只要将演示文稿拷贝到上述文件夹中，然后将该文件夹拷贝至其他电脑上，启动 PPVIEW32. EXE 程序，即可播放后来拷贝而来的演示文稿，免去了“打包”和安装播放器的过程。

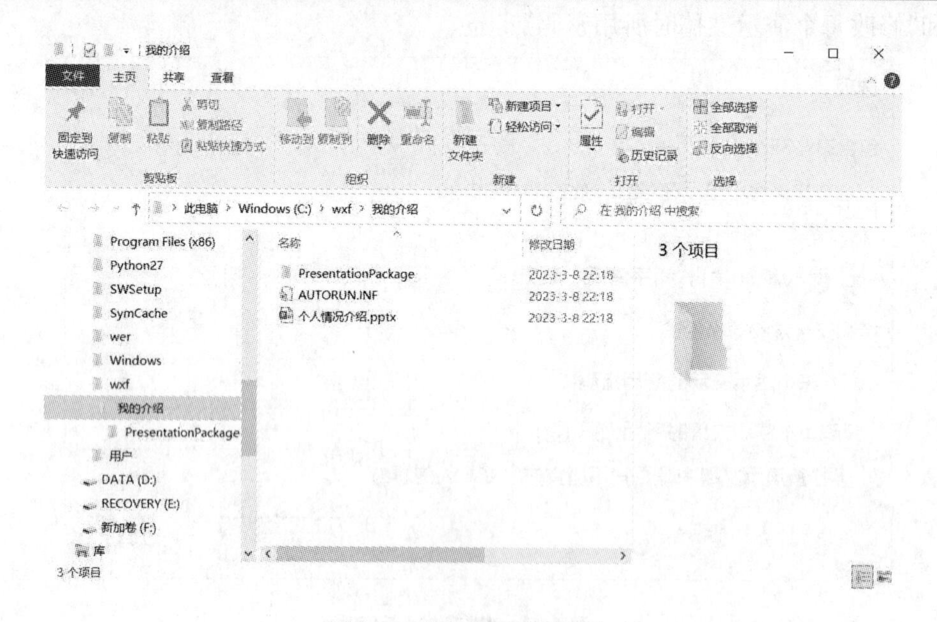

图 5-44 打包完成后的文件

习题五

单项选择题

1. PowerPoint 是______家族中的一员。

A. Linux　　B. Windows　　C. Office　　D. Word

2. PowerPoint 中新建文件的默认名称是______。

A. DOCl　　B. SHEETl　　C. 演示文稿 1　　D. BOOKl

3. PowerPoint 的主要功能是______。

A. 电子演示文稿处理　　B. 声音处理

C. 图像处理　　D. 文字处理

4. 扩展名为______的文件，在没有安装 PowerPoint 的系统中可直接放映。

A. pop　　B. ppz　　C. pps　　D. ppt

5. 在 PowerPoint 中，添加新幻灯片的快捷键是______。

A. Ctrl＋M　　B. Ctrl＋N　　C. Ctrl＋O　　D. Ctrl＋P

6. 下列视图中不属于 PowerPoint 视图的是______。

A. 幻灯片视图　　B. 页面视图　　C. 大纲视图　　D. 备注页视图

7. PowerPoint 制作的演示文稿文件的扩展名是______。

A. pptx　　B. xls　　C. fpt　　D. doc

8. ______视图是进入 PowerPoint 后的默认视图。

A. 幻灯片浏览　　B. 大纲　　C. 幻灯片　　D. 普通

9. 在 PowerPoint 中，若要在“幻灯片浏览”视图中选择多个幻灯片，则应先按住______键。

A. Alt　　B. Ctrl　　C. F4　　D. Shift＋F5

10. 在 PowerPoint 中，要同时选择第 1、2、5 张幻灯片，应该在______视图下操作。

A. 普通　　B. 大纲　　C. 幻灯片浏览　　D. 备注

11. 在 PowerPoint 中，“文件”选项卡可创建______。

A. 新文件，打开文件　　B. 图标

C. 页眉或页脚　　D. 动画

12. 在 PowerPoint 中，“插入”选项卡可以创建______。

A. 新文件，打开文件　　B. 表、形状与图标

C. 文本左对齐　　D. 动画

13. 在 PowerPoint 中，“设计”选项卡可自定义演示文稿的______。

A. 新文件,打开文件　　B. 表、形状与图标
C. 背景、主题设计和颜色　　D. 动画设计与页面设计

14. 在 PowerPoint 中,“动画”选项卡可以应用于幻灯片上的______。
A. 对象,用来更改或删除动画　　B. 表、形状与图标
C. 背景、主题设计和颜色　　D. 动画设计与页面设计

15. 在 PowerPoint 中,“视图”选项卡可以查看幻灯片的______。
A. 母版、备注母版、幻灯片浏览　　B. 页号
C. 顺序　　D. 编号

16. PowerPoint 演示文稿的扩展名是______。
A. ppt　　B. pptx　　C. xslx　　D. docx

17. 要进行幻灯片页面设置、主题选择,可以在______选项卡中操作。
A. 开始　　B. 插入　　C. 视图　　D. 设计

18. 要对幻灯片母版进行设计和修改,应在______选项卡中操作。
A. 设计　　B. 审阅　　C. 插入　　D. 视图

19. 从当前幻灯片开始放映幻灯片的快捷键是______。
A. Shift + F5　　B. Shift + F4　　C. Shift + F3　　D. Shift + F2

20. 从第一张幻灯片开始放映幻灯片的快捷键是______。
A. F2　　B. F3　　C. F4　　D. F5

单元六 Internet 应用

实验一 Edge 浏览器的使用

一、实验目的

(1)掌握 Edge 浏览器的基本设置方法。

(2)掌握网页浏览的基本操作。

(3)掌握网上信息的搜索。

(4)了解 Edge 浏览器的高级设置。

二、实验任务

(1)Edge 浏览器的使用方法。

(2)配置 Edge 浏览器。

三、实验内容与步骤

1. Edge 浏览器的使用

在 Edge 浏览器中输入网易的域名 www.163.com,并将网易设置为首页,删除访问的历史记录,设置临时文件夹大小为:200M,将临时文件夹设置为 D:\Internet 临时文件夹。

操作步骤:

(1)访问网易,双击桌面上的 Edge 浏览器图标,打开 Edge 浏览器,如图 6-1 所示,在地址栏中输入网址:www.163.com,按回车键,打开网易主页,如图 6-2 所示。

图 6-1 Edge 浏览器界面

利用超链接功能在网上漫游：将鼠标指向具有超链接功能的内容时，鼠标指针变为手形，单击鼠标左键，进入该链接所指向的网页。

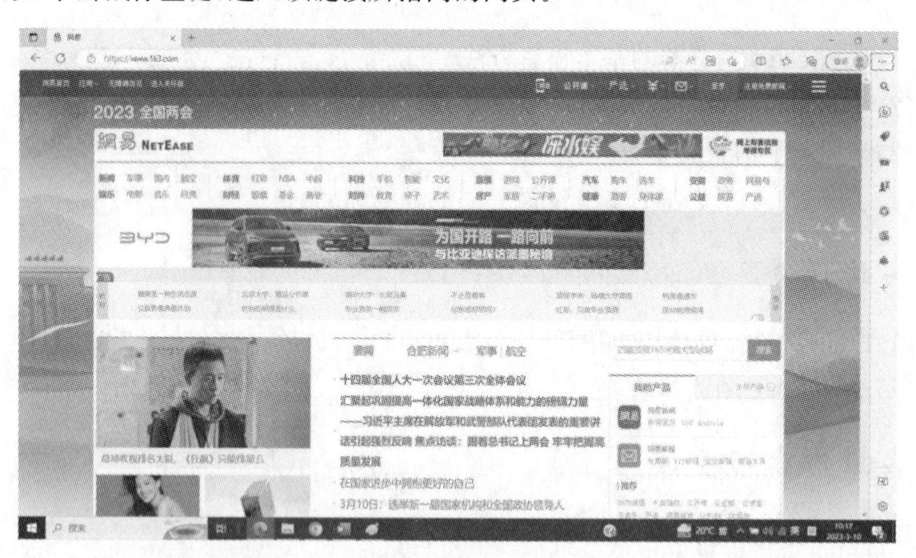

图 6-2 网易主页

说明：在已经浏览过的网址之间跳转：最常用的方法是单击工具栏中的“后退”按钮和“前进”按钮。

(2)将网易首页设置为 Edge 浏览器主页，打开 www. 163. com 页面，在 Edge 浏览器中找到界面右上角的“…”按钮，单击展开，选择“设置”选项，弹出如图 6-3 所示的设置界面。

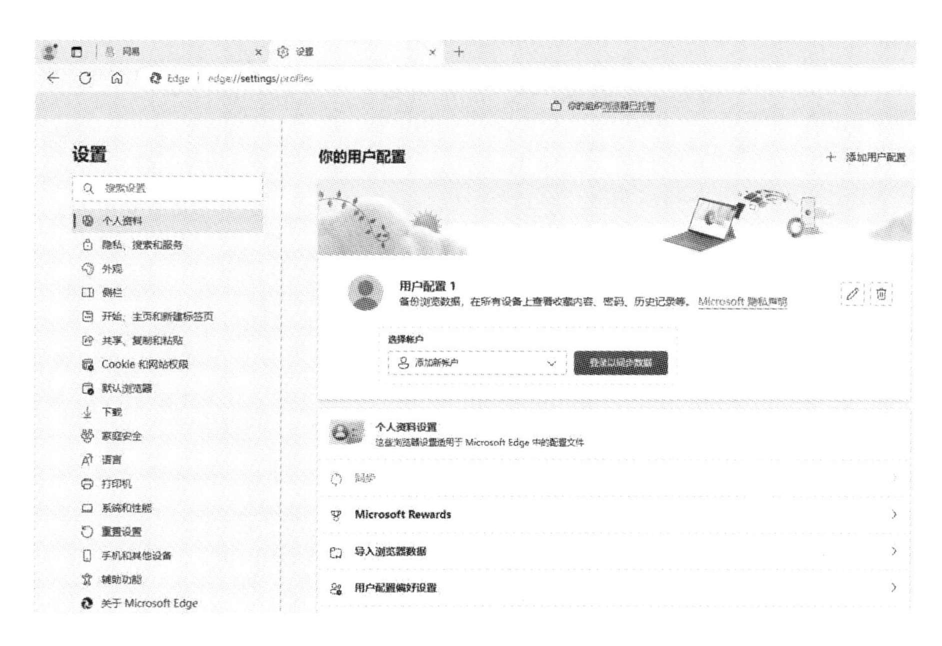

图 6-3　设置界面

(3)在设置界面单击左侧的“开始、主页和新建标签页”,出现图 6-4 所示界面。在“Microsoft Edge 启动时”中单击“使用所有已打开的标签页”按钮,将 www. 163. com 设置为主页。

图 6-4　设置网易首页为主页

说明:也可以直接在图 6-4 所示界面中单击“添加新页面”按钮,在弹出的界面中直接输入网址,将其设为主页。

(4)删除历史记录。在图 6-4 所示的窗口中,单击“隐私、搜索和服务”标签中的“清除浏览数据”按钮,弹出如图 6-5 所示的“清除浏览数据”对话框,在“时间范围”下拉框中选择时间区间,再选中要删除的内容前面的复选框,单击“立即清除”按钮。

图 6-5 “清除浏览数据”对话框

说明：也可以直接在图 6-2 所示的界面中，单击窗口右上方的“…”按钮，在弹出的菜单中单击“历史记录”选项完成删除操作。

2. 使用百度搜索“计算机组成”信息

操作步骤：

(1)在 Edge 地址栏中输入 www. baidu. com，输入“计算机组成”，按回车键(或单击“百度一下”按钮)，百度会搜索相关的信息，搜索结果如图 6-6 所示。

图 6-6 百度搜索

(2)单击某个超链接,打开相关的页面,浏览关于“计算机组成”的信息。

3. 将网页添加到收藏夹

打开如图 6-6 所示的“计算机组成-百度百科”页面,并将该页面添加到收藏夹的“我喜欢的网址”文件夹中。

操作步骤:

(1)打开如图 6-6 所示页面中的“计算机组成-百度百科”超链接,单击 Edge 浏览器窗口右上方的☆图标,弹出如图 6-7 所示的“已添加到收藏夹”对话框,在对话框中为网页输入一个容易记忆的名称(也可以不输入)。

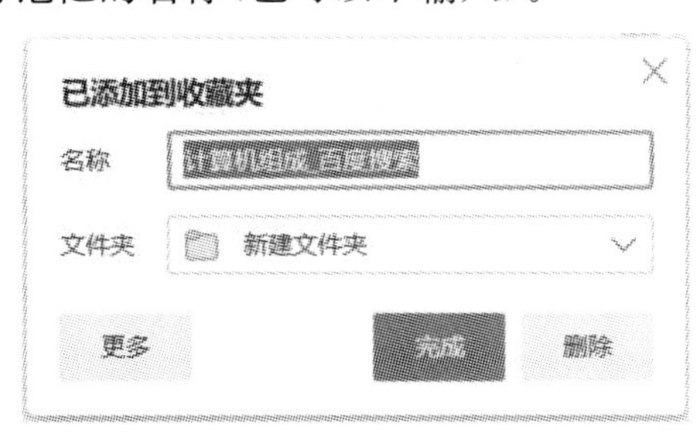

图 6-7　“已添加到收藏夹”对话框

(2)单击“更多”按钮,弹出如图 6-8 所示的“编辑收藏夹”对话框,选择要添加的文件夹。如果不存在,可以单击“新建文件夹”按钮,创建新的文件夹来保存当前页面。

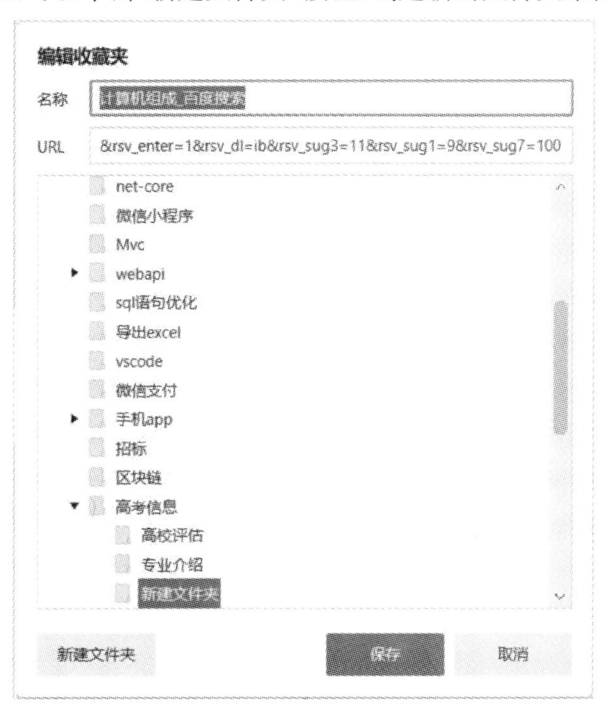

图 6-8　“编辑收藏夹”对话框

(3)单击“保存”按钮完成添加。

(4)按上述方法将 www. baidu. com、www. sohu. com 和 www. ifeng. com 添加到收藏夹中的“我喜欢的网址”文件夹。

说明:同时按下键盘上的【Ctrl+D】快捷键也会出现“添加到收藏夹”窗口,使用这种方法来得更快捷。或者在当前网页的空白处单击鼠标右键,然后在弹出的菜单中选择“添加到收藏夹”,再按上述方法进行操作。

四、进一步提高

Edge 浏览器高级设置。Edge 浏览器提供了页面的捕获功能,方便用户截取页面的内容,下面以 www. 163. com 站点为例进行讲解。

操作步骤:

(1)打开 www. 163. com 页面,单击浏览器窗口右上方的“…”按钮,在弹出的菜单中选择“页面捕获”菜单项,在窗口顶端会显示如图 6-9 所示的“捕获”对话框,单击“捕获整页”可以将整个页面复制到剪贴板中。

(2)单击“捕获区域”,然后拖动鼠标任意选取页面的区域,可以将选中的区域复制到剪切板中。

图 6-9 捕获对话框

实验二 收发电子邮件

一、实验目的

(1)掌握邮件的收发方法。

(2)掌握邮箱的申请方法。

(3)掌握邮件附件的添加方法。

二、实验任务

(1)申请邮箱。

(2)向指定的邮箱发送邮件。

(3)向邮件中添加附件。

三、实验内容与步骤

登录网易,申请一个邮箱账号,然后通过该账号发送邮件。

操作步骤:

(1)打开 Edge 浏览器,在地址栏中输入网易的网址:www. 163. com,打开网易首页,如图 6-10 所示。单击页面顶端的 按钮,在下拉列表中选择“免费注册”,打开如图 6-11 所示的“注册免费邮箱”界面,填写相关信息,在“邮箱地址”对应的文本框中输入要申请的邮箱地址名称:“wxf1103”,如果该地址被占用,系统会提醒用户更改邮件地址。填写完其他信息后,勾选“同意《服务条款》《隐私政策》和《儿童隐私政策》”,单击“立即注册”。

图 6-10 网易首页

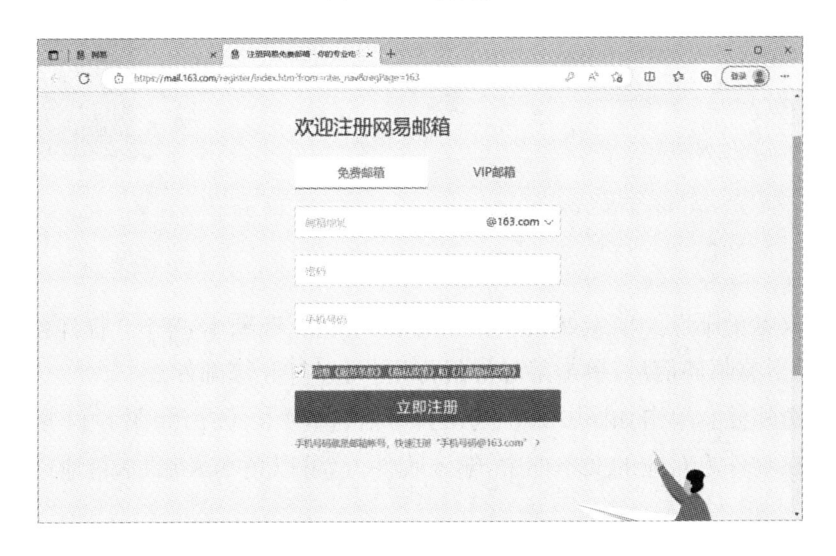

图 6-11 注册免费邮箱

(2)登录邮箱。打开网易首页,单击“登录”,在图 6-12 所示页面中,输入本人的邮箱地址:wxf1103@163. com 和密码,单击“登录”,登录成功弹出如图 6-13 所示的邮箱界面。

图 6-12 登录邮箱

图 6-13 邮箱界面

(3)接收电子邮件。单击如图 6-13 所示的“收信”选项卡,单击“收件箱”,在窗口右侧会显示当前邮件信息,单击某邮件的标题,可以打开该邮件。

(4)发送邮件。单击如图 6-13 所示的“写信”选项卡,弹出如图 6-14 所示的编辑邮件界面,在收件人对应的文本框中,输入收件人(可以是本人)的邮箱地址。

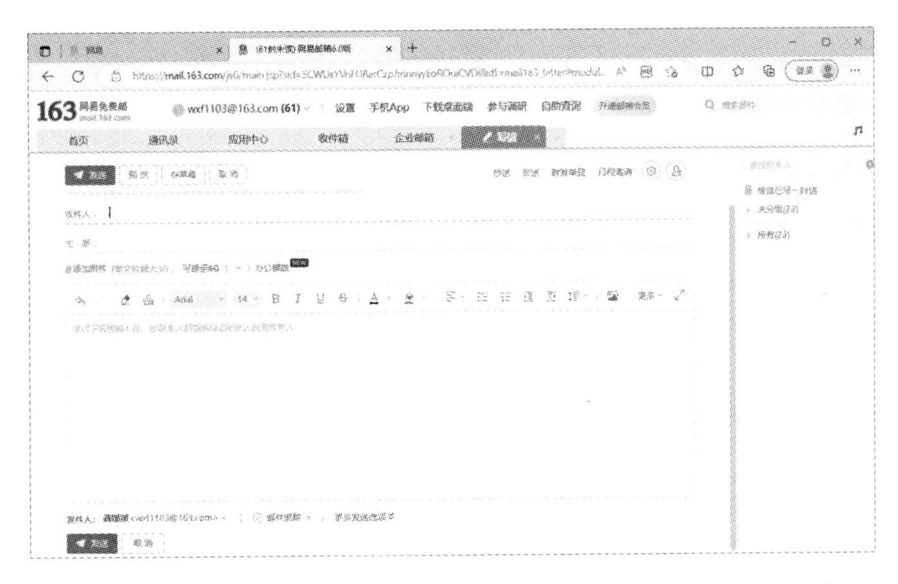

图 6-14　编辑邮件

(5)单击“添加附件”,在如图 6-15 所示的界面中选择要添加的文件。

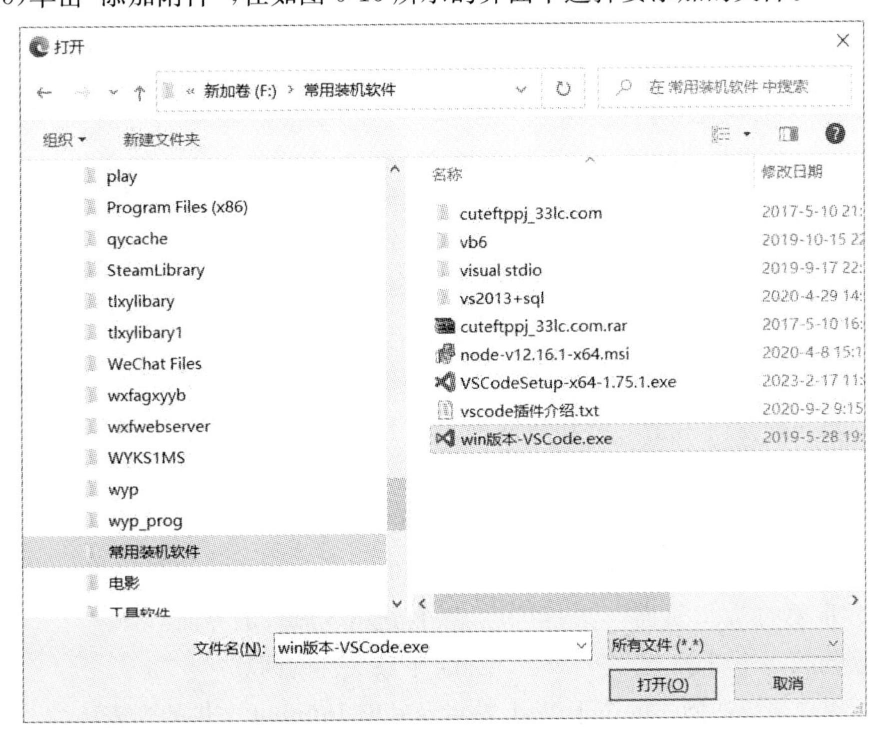

图 6-15　添加附件

(6)附件添加完成后,如图 6-16 所示,单击发送按钮,完成邮件的发送。

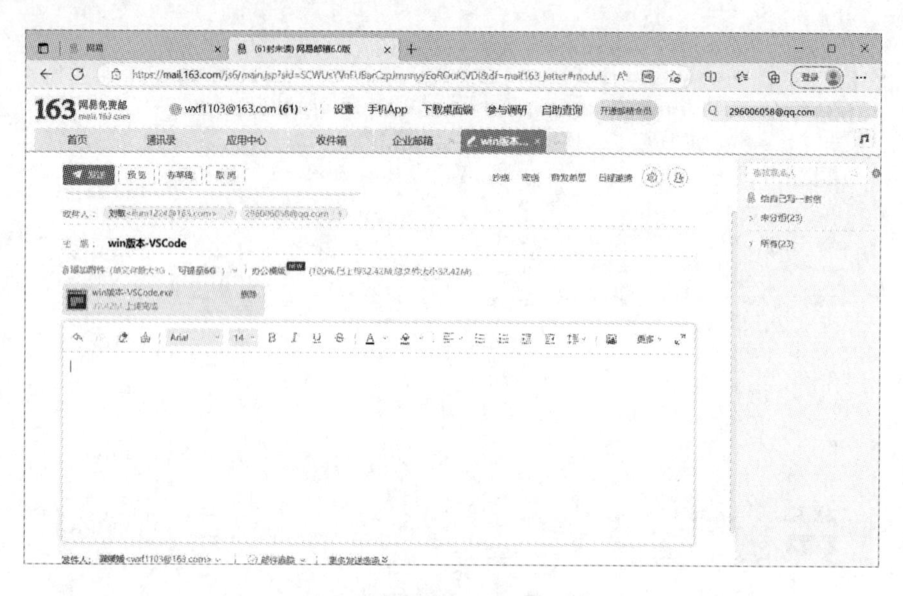

图 6-16　添加附件后的界面

习题六

一、单项选择题

1. 域名 www. ahedu. gov. cn 中,代表国家区域名的是______。

 A. www　　B. edu　　C. gov　　D. cn

2. 在互联网中,域名和 IP 地址的转换是通过______服务器自动进行的。

 A. DNS　　B. Server　　C. WEB　　D. FTP

3. ______是一种专门用于定位和访问网页信息,获取用户希望得到的资源的导航工具。

 A. 搜索引擎　　B. EDGE　　C. QQ　　D. MSN

4. Homepage(主页)的含义是______。

 A. 比较重要的 Web 页面　　B. 传送电子邮件的界面

 C. 网站的第一个页面　　D. 下载文件的网页

5. 浏览器用户最近访问过的若干 Web 站点及其他 Internet 文件的列表称为______。

 A. 其他三个都不对　　B. 地址簿

 C. 历史记录　　D. 收藏夹

6. 网页中有一些以醒目方式显示的单词、短语或图形,用户可以通过单击它们跳转到目的网页,这种文本组织方式称为______。

 A. 超文本方式　　B. 超链接　　C. 文本传输　　D. HTML

7. 将远程服务器上的文件传输到本地计算机称作______。

A. 上传 B. 下载 C. 卸载 D. 超载

8. 浏览器中的“收藏夹”收藏的是该______。

A. 网站的地址 B. 网站的内容 C. 网页地址 D. 网页内容

9. WWW 通过超文本传输协议(HTTP)向用户提供多媒体信息,所提供信息的基本单位是______。

A. 网页 B. 超链接

C. 统一资源定位符 D. 网站

10. 指出以下统一资源定位器各部分的名称(从左到右):______。

http://home. netscape. com/main/indel. html

1 2 3 4

A. 1. 主机域名 2. 服务标志 3. 目录名 4. 文件名

B. 1. 服务标志 2. 目录名 3. 主机域名 4. 文件名

C. 1. 服务标志 2. 主机域名 3. 目录名 4. 文件名

D. 1. 目录名 2. 主机域名 3. 服务标志 4. 文件名

11. 常用的电子邮件协议 POP3 是指______。

A. TCP/IP 协议 B. 中国邮政的服务产品

C. 通过访问 ISP 发送邮件 D. 通过访问 ISP 接收邮件

12. 合法的电子邮件地址是______。

A. 用户名#主机域名 B. 用户名+主机域名

C. 用户名@主机域名 D. 用户地址@主机名

13. 当一封电子邮件发出后,收件人由于种种原因一直没有开机接收邮件,那么该邮件将______。

A. 退回 B. 重新发送

C. 丢失 D. 保存在 ISP 的 E-mail 服务器上

14. 以下关于电子邮件的接收,错误的是______。

A. 接收的邮件可以直接回复

B. 接收邮件可以不接收附件

C. 接收邮件可以通过客户端方式(如 Outlook)和 Web 方式

D. 接收的邮件不能删除

15. 某同学以 myname 为用户名在新浪网(http://www. sina. com. cn)注册的电子邮箱地址应该是______。

A. myname@sina. com B. myname. sina. com

C. myname. sina@com D. sina. com@myname

16. 使用 Web 方式(直接在网站上)收发电子邮件时,以下描述错误的是______。
    A. 不用设置 SMTP 服务域名　　B. 不用设置 POP3 服务域名
    C. 不用输入账号和密码登录　　D. 可以在附件中插入图片文件
17. 在撰写邮件时,在收件人对话框的"收件人"栏中______。
    A. 只能输入一个人的收件地址
    B. 只能输入多个人的收件地址
    C. 既可以输入一个人的收件地址,又可以输入多个人的收件地址
    D. 只能输入收件人的姓名
18. 关于发送电子邮件,下列说法中正确的是______。
    A. 你必须先接入 Internet,别人才可以给你发送电子邮件
    B. 你只有打开了自己的计算机,别人才可以给你发送电子邮件
    C. 只要有 E-mail 地址,别人就可以给你发送电子邮件
    D. 别人只要接入了 Internet,就可以给你发送电子邮件
19. 在发送电子邮件时,在邮件中______。
    A. 只能插入一个图形附件　　B. 只能插入一个声音附件
    C. 只能插入一个文本附件　　D. 可以根据需要插入多个附件
20. 下图是某电子邮箱收件箱中的内容,图中带附件的邮件数为______。

您好，hktest_ok@126.com [退出，个人帐户，切换"极速3.0"版]　搜索邮件

今日　收件箱 ×　　选项 | 帮

删除　移动▾　查看▾　设置▾　举报垃圾邮件　刷新　1/1

发件人	主题	日期	附件	大小
充100送100更多充值优惠>>	好工作 上智联招聘	天鹅湾楼王向北京致敬		
今天				
李擎天	《我是网管》论坛	20:54	📎	94.19K
张国木	HTCTyTNII	20:53		2.67K
李小明	论文大赛通知	20:51	📎	71.01K
会考测试	Fw:用户注册通知	20:44		4.21K
网易邮件中心	欢迎你使用网易126邮箱!	20:31		6.43K

    A. 1　　B. 2　　C. 3　　D. 4
21. 下图是某用户的电子邮箱管理窗口,从图中我们可以看出______。
    A. 该用户收件箱内共有 4 封邮件
    B. 该用户的电子邮箱地址为 hktest_ok@126. com
    C. 该用户收件箱共有 4 个附件
    D. 该用户当前查看的是草稿箱

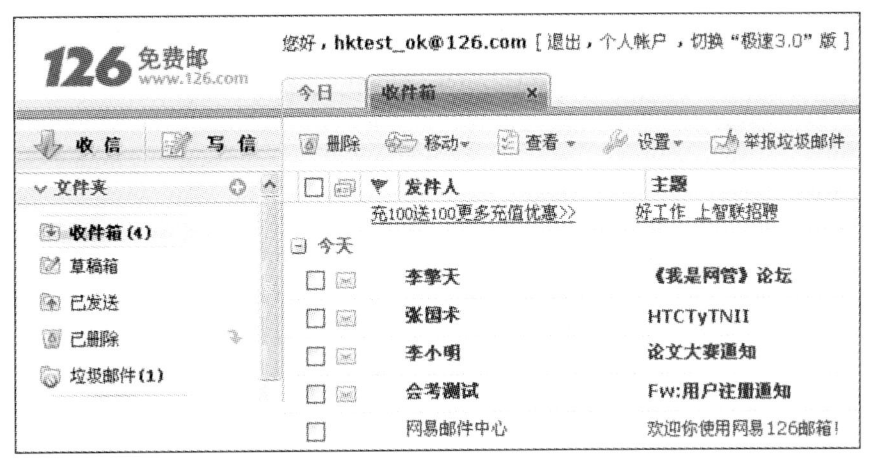

22. 某用户要发送一封电子邮件，操作界面如下图所示，这封邮件中已添加的附件个数是______。

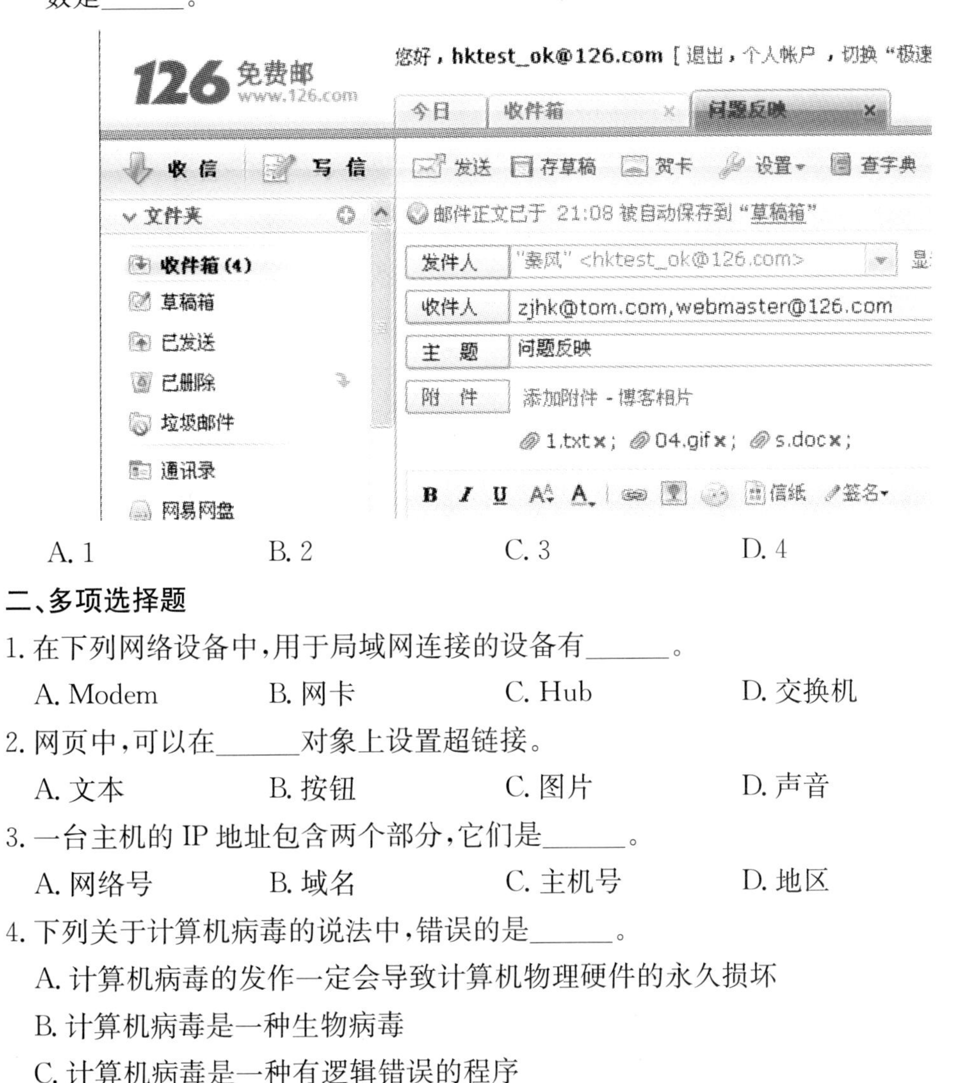

A. 1　　B. 2　　C. 3　　D. 4

二、多项选择题

1. 在下列网络设备中，用于局域网连接的设备有______。

A. Modem　　B. 网卡　　C. Hub　　D. 交换机

2. 网页中，可以在______对象上设置超链接。

A. 文本　　B. 按钮　　C. 图片　　D. 声音

3. 一台主机的 IP 地址包含两个部分，它们是______。

A. 网络号　　B. 域名　　C. 主机号　　D. 地区

4. 下列关于计算机病毒的说法中，错误的是______。

A. 计算机病毒的发作一定会导致计算机物理硬件的永久损坏

B. 计算机病毒是一种生物病毒

C. 计算机病毒是一种有逻辑错误的程序

D. 计算机病毒是能通过自我复制进行传染，破坏计算机正常使用的程序

5. 在下列关于特洛伊木马病毒的叙述中，正确的有______。

A. 木马病毒能够盗取用户信息

B. 木马病毒伪装成合法软件进行传播

C. 木马病毒运行时会在任务栏产生一个图标

D. 木马病毒不会自动运行

6. 计算机网络中常用的有线传输媒体有______。

A. 双绞线　　B. 同轴电缆　　C. 光纤　　D. 红外线

7. 在下列关于计算机网络协议的叙述中，错误的有______。

A. 计算机网络协议是各网络用户之间签订的法律文书

B. 计算机网络协议是上网人员的道德规范

C. 计算机网络协议是计算机信息传输的标准

D. 计算机网络协议是实现网络连接的软件总称

8. 在下列关于防火墙的叙述中，正确的有______。

A. 防火墙是硬件设备

B. 防火墙将企业内部网与其他网络隔开

C. 防火墙禁止非法数据进入

D. 防火墙增强了网络系统的安全性

9. 电子邮件服务器需要的两个协议是______。

A. POP3 协议　　B. SMTP 协议　　C. FTP 协议　　D. MAIL 协议

10. 计算机病毒可以通过______传播。

A. U 盘　　B. 计算机网络　　C. 手机　　D. 身体接触

11. 下列叙述中正确的是______。

A. Internet 上的域名由域名系统 DNS 统一管理

B. WWW 上的每一个网页都可以加入收藏夹

C. 每一个 E-mail 地址在 Internet 中是唯一的

D. 每一个 E-mail 地址中的用户名在该邮件服务器中是唯一的

12. 下列关于 E-mail 的叙述，正确的是______。

A. 一个 E-mail 可以同时发给多个收件人

B. E-mail 可以定义为密件发送

C. E-mail 只能发送文本文件

D. 不论收件人是否开机，E-mail 都会送入其电子邮箱

13. 在下列关于因特网域名内容的叙述中，错误的有______。

A. CN 代表中国，COM 代表商业机构

B. CN 代表中国，EDU 代表科研机构

C. UK 代表中国，GOV 代表政府机构

D. UK 代表中国，AC 代表教育机构

14. 在 Internet 中，(统一资源定位器)URL 组成部分包括______。

A. 协议　B. 路径及文件名　C. 网络名　D. IP 地址或域名

15. 网络的拓扑结构包括______。

A. 总线型结构　B. 环形结构　C. 星型结构　D. 目录结构